算数と国語の力がつく

天才!!

ちょいムズ ヒマつぶし
ドリル

りんご塾代表
田邉亨
［著］

伊豆見香苗
［絵］

Gakken

はじめに

　私はどんな子どもにも天才性が備わっていると思っています。

　天才性とは、ほかの子とは違うところ、誰からも教わっていないのに身に付いたもの、おどろく発想や着眼点などです。その子らしさと言ってもいいかもしれません。どんな子も天才性をもって生まれてきますが、それを発見されるのは一部の子だけ。多くの子どもたちは社会性を身に付けていくにつれて、天才性が見つけてもらえなくなっていきます。

　子どもに勉強をさせるのは、子どもを大人にするためでしょうか？　私は子どもは子どものままに学ばせたいと思っています。子どもは泣き、笑い、遊び、走り、歌います。そのすべては自己表現です。それと同じく、学ぶことも子どもにとっての自己表現の1つです。難しい問題を解くために悩むことも、パズルや迷路に没頭することも、走ったり歌ったりすることと同じ。それらは義務ではなく、欲求です。人間にとって学ぶことは本能的なもの。学ぶというのは本来、やらされるのではなく、たのしんで自分からやることだと思います。だから私は自分が教材を作るときは、子どもたちが自分からやりたくなるようなものを作ることを心掛けています。義務のように勉強する子どもになってほしくないからです。

　本書『ヒマつぶしドリル』に掲載した問題は、すべて私が塾で子どもたちとやってきたもので、面白いものだけを厳選しました。私が指導しているのは、私立小学校の受験などは経験していない、いたって普通の公立の小学校に通う子どもたちですが、この問題に夢中で取り組み、頭を悩ませた子たちが算数オリンピックのメダリストになっています。これが、どんな子どもにも天才性が備わっていると、私が考えるゆえんです。その子が自分らしさを失わずに、没頭することができれば、才能は伸びていくのです。

　『ヒマつぶしドリル』とは、ふざけたタイトルだなと思った方もいるかもしれま

せん。ただ、ヒマのつぶし方こそがとても重要です。ヒマとはなんでしょうか？子どもにとってヒマとは真っ白い大きな紙のようなもので、そこに何を描いてもいいよと言われているようなものです。一切の義務や責任から放たれ、自由な発想をどこまでも広げることができる時間。自分らしく過ごしていい時間。そんなヒマな時間こそが子どもの天才性を育てます。

　そのヒマな時間に良質な問題に触れてほしいのです。床に寝そべりながら考え続けられるような、没頭できるような問題。そんな問題に触れているとき、子どもの頭の中では思考の扉が開かれ、思う存分に悩み考えることができます。悩み考えない人間に思考力など身に付きません。タスクをこなすだけの勉強でどうして思考力が身に付くでしょう。思考力は試行錯誤する力です。答えは与えられるものではない、自分の力で考え、探し、得るものだと知っている子どもは強いです。それが生きる力をもった子どもといえるのではないでしょうか。

　最後に、素敵でたのしいイラストでドリルの魅力を引き上げてくれた伊豆見香苗さん、ありがとうございました。また、本書の製作に携わっていただいたすべての人に厚く御礼を申し上げます。

　誰だって天才！！　すこしでも多くの人が、このドリルをきっかけに勉強のたのしさに気づき、自分に潜む天才性を再発見してくれたらうれしいです。

りんご塾代表　田邉　亨

地球の先生、すごくいい話してるんだけど…聞いてる？

米、うまい

塩加減がサイコー

次はシャケにぎりにしよう

ここは
宇宙のどこかにある
惑星ヒマージュ

美しい自然と
かわった
生きものたちに
囲まれた惑星だ

カメロンパン

うーん
こまったなぁ…

この惑星を取り仕切る
カミさまは悩んでいた

その理由は…

いま"うんこ"って
いいました?

カミさま

ソッキン

4

自分の後継者候補である
ヒーとマーが
まったく勉強
しないこと

ヒー

マー

ヒーとマーは
たくさんの時間を
持て余しながらも

その時間のすべてを
イタズラやおふざけに
費やしていた

カラッ…

ふ

ふ

もくじ

この本に出てくるキャラクター

ヒー
イタズラが大好き。見た目は人間だが
人間ではない。頭のアンテナは取り外
し可能。たまにはずかしがり屋。

マー
ヒーとは幼なじみ。おもしろそうなこ
とに興味があるが、ちょっと怖がりな
ところもある。一人称は「オイラ」。

カミさま

惑星ヒマージュの神様。ヒーとマーを
りっぱな後継者に育てるため、地球の
テレビをよく見て教育法を学んでいる。

ソッキン

カミさまの相棒。マイペースな性格で、
常にラクをすることを考えている。食
べるのが大好きで結構グルメ。

こうちょうはとても優しいです

いも虫パズル1

1〜7までの数を、ひとつずつマスの中に入れよう。

○には偶数（2か4か6）、□には奇数（1か3か5か7）が入るんだ。

不等号（>、<）を見て、正しい数を入れてね。

同じ数は1回しか使えないよ。

虫こわい

やりたくないなぁ

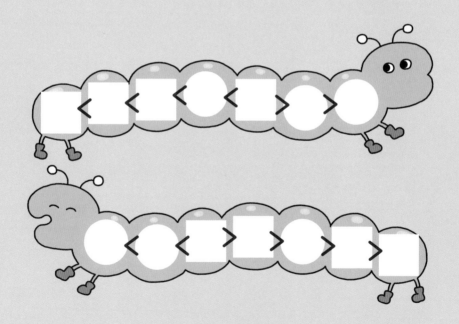

答えは124ページへ。

12

数字の通り道 1

1	14	15	16
2	13	12	11
3	6	7	10
4	5	8	9

すでにマスの中に入っている数字をヒントにして、
すべてのマスを1〜64の数字でうめよう。
1〜64の数字は、つなげると1本の道になるよ。
1本の道は、ななめには進めないよ。

			16				20
			57			50	
		1					
	7						
				64			
		39					
			31				

ヒーくん
マーくん
ちゃんとやるんにゃよ

ネコタンニン（長男）

答えは126ページへ。

回転する漢字 1

下の図形を、真ん中の線で回転させてみよう。
何の漢字がうかび上がるかな？

お手本

つくえうま

いすしか

やるしか
ないか〜

だな〜

答えは128ページへ。

動物言葉つなぎ1

□に動物を入れると、ことわざや慣用句になるよ。□に当てはまる動物と、ことわざや慣用句の意味を線でつなごう。ただし、動物だけひとつ余るよ。

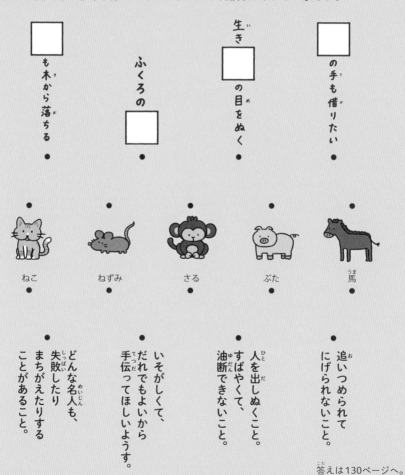

□も木から落ちる	ふくろの□	生きた□の目をぬく	□の手も借りたい

ねこ　ねずみ　さる　ぶた　馬

- どんな名人も、失敗したりまちがえたりすることがあること。
- いそがしくて、だれでもよいから手伝ってほしいようす。
- すばやくて、油断できないこと。
- 追いつめられてにげられないこと。
- 人を出しぬくこと。

答えは130ページへ。

15

数合わせパズル1

1〜7までの数を◯の中に入れよう。
それぞれの四角の中の数をたして、
答えがすべて同じになるようにしてね。
同じ数は1回しか使えないよ。

お手本

◯の中……1 + 2 + 3 = 6
◯の中……2 + 4 = 6

使った数のチェック

1 **2** **3** **4** **5** **6** **7**

なんか
優等生
争いしてる

へー

答えは132ページへ。

16

2けたてんびんパズル1

1～5のどれかをひとつずつマスの中に入れて、
2けたの数を作ろう。てんびんの真ん中には、
大きい数から小さい数をひいた答えが書いてあるよ。
○には偶数（2か4）、□には奇数（1か3か5）が入るんだ。
同じ数は1回しか使えないよ。

お手本

32の方が
大きいので、
こちらがかたむく

| 3 | 2 | | 1 | 5 |

17

❶

7

仲良く
しにゃさい

❷

私が
優等生だ！

ボクが
優等生です

12

答えは134ページへ。

ユウ　　　　　**ウセイ**

天才言葉集め1

それぞれの四角の中から、ひとつだけちがうひらがなを見つけて、
下の❶〜❻に1文字ずつ入れてね。何という言葉になるかな？

❶
つつつつつつつつつつつ
つつつつつつつつつつつ
つつつつつつつつつつつ
つつつつつつつつつつ
つつつつつつつつつつ
つつつつつつつつつつ
つつつつつつうつつつ
つつつつつつつつつつ

❷
はははははははははは
ははなはははははははは
はははははははははは
はははははははははは
はははははははははは
はははははははははは
はははははははははは
はははははははははは

❸
ききききききききききき
ききききききききききき
ききききききききききき
ききききききききききき
ききききききききききき
ききききききぎききき
ききききききききききき
きききききききききき

❹
めめめめめめめめめめ
めめめめめめめめめめ
めめめめめめめめのめ
めめめめめめめめめめ
めめめめめめめめめめ
めめめめめめめめめめ
めめめめめめめめめめ
めめめめめめめめめめ
めめめめめめめめめめ

字が
多い…

❺
ほほほほほほほほほほ
ほほほほほほほほほほ
ほほぼほほほほほほほ
ほほほほほほほほほほ
ほほほほほほほほほほ
ほほほほほほほほほほ
ほほほほほほほほほほ
ほほほほほほほほほほ

❻
いいいいいいいいいいい
いいいいいいいいいいい
いいいいいいいいいいい
いいいいいいいいいいい
いいいいいいいいいいい
いいいいいいいいいいい
いいいいいいいりいいいい
いいいいいいいいいいい

目が
つかれる…

あの子の人気が

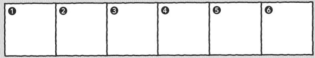

❶	❷	❸	❹	❺	❻

に上がる。

できる言葉の意味：急に上がったり増えたりするようす。

答えは136ページへ。

エリアわけ1

部首が同じ漢字をまとめて、ふたつのエリアにわけよう。
引ける線は1本だけで、とちゅうで2本にわかれてはだめだよ。
すべてのマスを通らなくてOK。線はななめには引けないよ。

お手本
→（くさかんむり）／木（きへん）

こざとへん／のぎへん
阝／禾

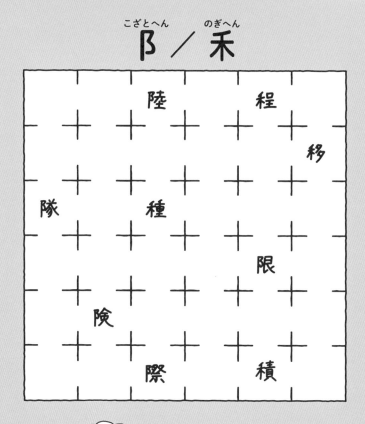

だいじょうぶ
かな…

答えは138ページへ。

19

パズルのピース1

3つのピースがぬけているパズルがあるよ。

ぬけている部分にぴったりとはまるピースの組み合わせは、

❶〜❹のどれかな？

❶〜❹のピースは裏返しにはできないけど、回転して入る場合があるよ。

なんか
おもしろそう

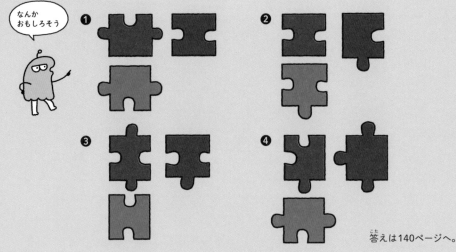

❶　❷　❸　❹

答えは140ページへ。

ハニカムひき算パズル 1

ミツバチをそれぞれの部屋に入れよう。
左右にとなり合ったふたつの数の、大きい数から小さい数を
ひいて、ひいた答えをその下に入れてね。
正しい計算になるように、すべてのミツバチを使ってね。

お手本

7−1

6

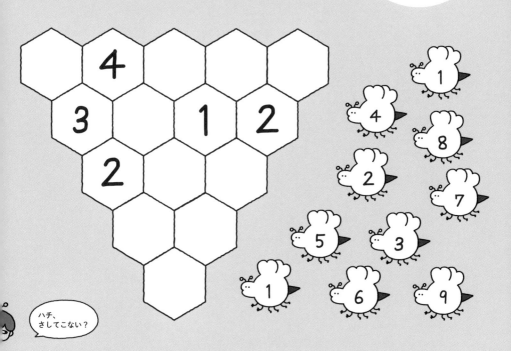

ハチ、
さしてこない？

答えは142ページへ。

画数めいろ1

<small>かくすう</small>

漢字の画数が小さい順に進んで、いちばん近い道を通って
スタートからゴールまで行こう。すべての漢字を通るけど、
すべてのマスは通らなくてもOK。同じ道は1回しか通れないよ。

こくばくけし

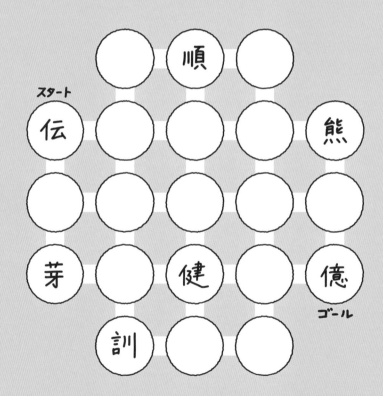

答えは144ページへ。

ことわざめいろ 1

「い→っ→す→ん→の→む→し→に→も→ご→ぶ→の→
た→ま→し→い」の順番に 2 回くり返して、
スタートからゴールまで行こう。
すべてのマスを通らなくてもOK。ななめに進んではだめ。
同じマスは 1 回しか通れないよ。

一寸の虫にも五分のたましい…小さくて弱いものにも考えや意地があるのだから、
あなどってはいけないということのたとえ。

ねこにこばん……
どんなにりっぱなも
のをあげても、その
人には価値がわからな
いことのたとえ。

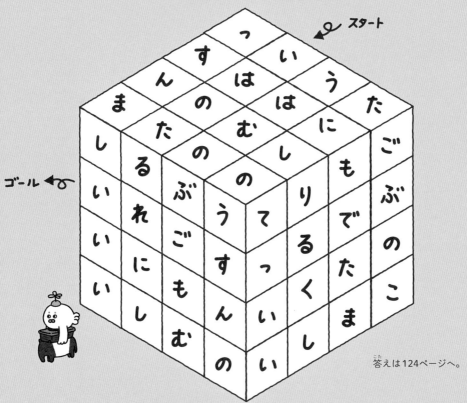

答えは124ページへ。

あいだの数は？1

お手本

⑤⑨の下には
6、7、8のどれかが入る。

⑤ ⑨ …5 ┃ 6 7 8 ┃ 9…
あいだ
の数

0.1 〜 1.0までの数を、○の中に入れよう。
左右にとなり合ったふたつの数の、あいだの数が下に入るよ。
同じ数は1回しか使えないよ。

使った数のチェック
0.1 0.2 0.3 0.4 0.5 0.6 0.7 0.8 0.9 1.0

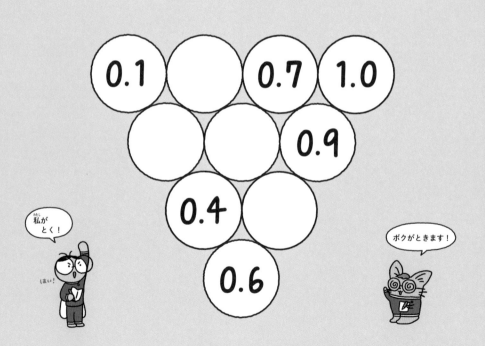

私が
とく！

はい！

ボクがときます！

答えは126ページへ。

24

ブロック分割1

○の中の数が、それ以外の連続する数の
たし算の答えになるように、線で囲んでわけよう。
すべてのマスを使ってね。ななめには囲めないよ。

お手本

⑫	4	1	2
5	3	⑥	3
⑬	7	3	5
6	4	⑭	2

3＋4＋5＝⑫

1＋2＋3＝⑥

6＋7＝⑬

2＋3＋4＋5＝⑭

連続する数になる

ユウとウセイを
みならえ〜

㉑	5	1	2	6
7	4	3	3	4
6	8	⑮	5	6
2	⑥	2	⑱	⑳
1	3	5	3	4

マーが
といてよ

ヒーが
といてよ

答えは128ページへ。

25

集中！ 四字熟語さがし 1

それぞれの四角の中から、ひとつだけちがう漢字を見つけて、
下の❶〜❹に1文字ずつ入れてね。
何という四字熟語になるかな？

❶ ❷ ❸ ❹

（漢字パズル）

読み方まで
わかるかにゃ？

できる四字熟語の意味：思いのままにできること。

答えは130ページへ。

26

書き順めいろ 1

赤い線で書かれたところが2画目である漢字を通って、

スタートからゴールまで行こう。

2画目である漢字はすべて通ってね。同じ道は1回しか通れないよ。

スタート

良	果	飛	氏	寺
夫	包	帯	芸	必
民	問	陸	画	対
母	用	建	加	勇
令	西	気	未	改

ゴール

書き順とか
おぼえてない〜

答えは132ページへ。

右左めいろ1

→からスタートして、「右」のマスでは右に、
「左」のマスでは左に向きをかえながら進むと、
何番にゴールするかな？
何も書かれていないマスはまっすぐに進むよ。

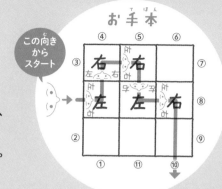

お手本

この向き
から
スタート

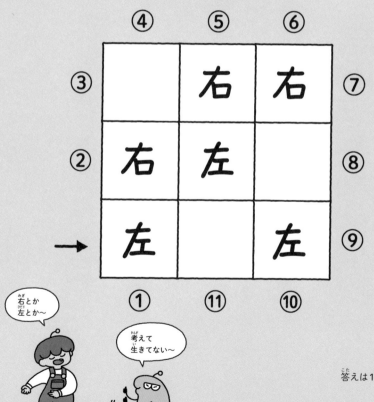

右とか
左とか〜

考えて
生きてない〜

答えは134ページへ。

28

不等号円パズル 1

お手本

1～6までの数を、ひとつずつマスの中に入れよう。
○には偶数（2か4か6）、
□には奇数（1か3か5）が入るんだ。
不等号（>、<）を見て、正しい数を入れて円にしてね。
同じ数は1回しか使えないよ。

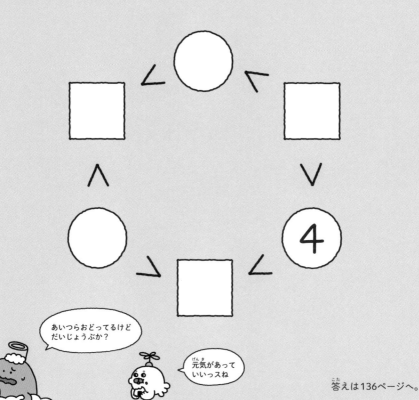

あいつらおどってるけど
だいじょうぶか？

元気があって
いいっスね

答えは136ページへ。

29

慣用句さがしパズル 1

下の5つのことわざや慣用句をさがして、線でつなごう。
ひとつの言葉は、1本の線でつながるよ。

絵にかいたもち…想像や計画だけで、実現できないこと。
まかぬ種は生えぬ…何もしなければ、よい結果が得られるわけがないこと。
千里の道も一歩から…大きな目標を達成するには、まず手近なことから始めることが大切であるという教え。
立つ鳥跡をにごさず…去るときは、きれいに後始末をすべきであるという教え。
奥歯に物がはさまる…思っていることをぼかして言うよう。「奥歯に物がはさまったような言い方」と使う。

お手本

馬が合う……
気が合うこと。
手を焼く……
手間がかかって苦労
すること。

ネコタンニン
つかまえたい

おい

にゃめろ〜

答えは138ページへ。

30

漢字パズル 1

右と左から1個ずつ選んで、小学5年生までに習う漢字を
5個作ろう。同じものは1回しか使えないよ。

お手本

イ → ヒ

↓

化

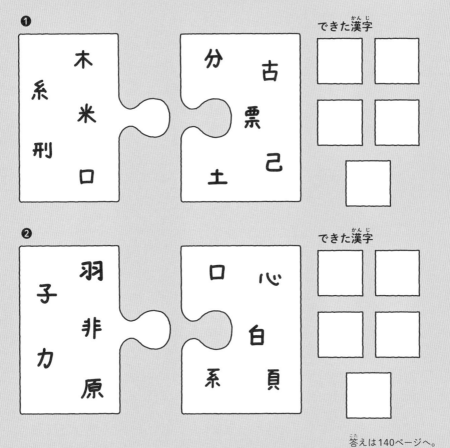

❶

木 米 口
系 刑

分 古
票 己
土

できた漢字

❷

羽 非 原
子 力

口 心
白 頁
系

できた漢字

答えは140ページへ。

あいだの数は？2

お手本
⑤⑨の下には
6、7、8のどれかが入る。

⑤ ⑨ …5 | 6 7 8 | 9…
あいだの数

0.1〜1.0までの数を、○の中に入れよう。
左右にとなり合ったふたつの数の、あいだの数が下に入るよ。
同じ数は1回しか使えないよ。

使った数のチェック
0.1　0.2　0.3　0.4　0.5　0.6　0.7　0.8　0.9　1.0

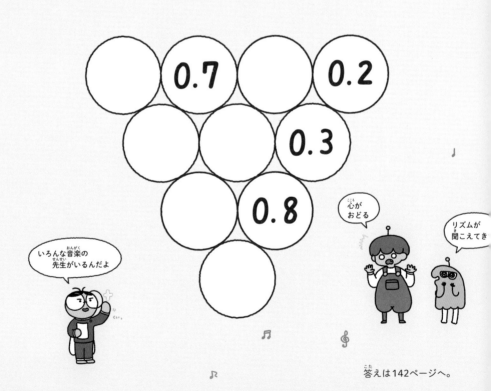

いろんな音楽の
先生がいるんだよ

心が
おどる

リズムが
聞こえてき

答えは142ページへ。

たし算パズル 1

ラッパーギョ（先生）

白いマスに1〜9までの数をひとつずつ入れよう。
縦または横に並ぶ白いマスの数をたすと、黒いところ（■）に書かれた数になるよ。
すでに入っている数をヒントに、マスをうめてね。

使った数のチェック
1　2　3　✓4　✓5　6　7　8　9

たす →

			9
5			9
4			12
			24
16	12	17	

たす ↓

答えは144ページへ。

慣用句めいろ1

「に→の→あ→し→を→ふ→む」の順番に3回くり返して、
スタートからゴールまで行こう。
すべてのマスを通らなくてもOK。ななめに進んではだめ。
同じマスは1回しか通れないよ。

二の足をふむ…気が進まなくてぐずぐずすること。ためらうようす。

お手本

ごまをする……
人に気に入られるようなことを、
わざと言ったり行ったりすること。

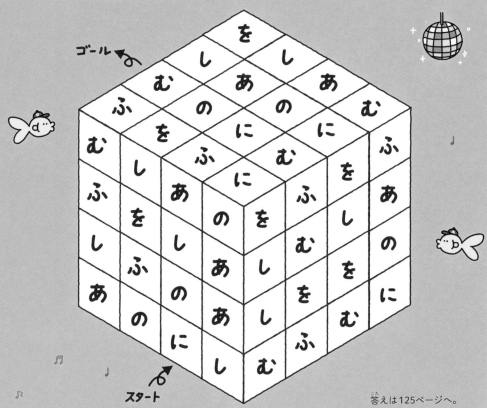

ゴール

スタート

答えは125ページへ。

エリアわけ2

部首が同じ漢字をまとめて、ふたつのエリアにわけよう。
引ける線は1本だけで、とちゅうで2本にわかれてはだめだよ。
すべてのマスを通らなくてOK。線はななめには引けないよ。

お手本
← （くさかんむり）／木（きへん）

こがい おおがい・いちのかい
貝／頁

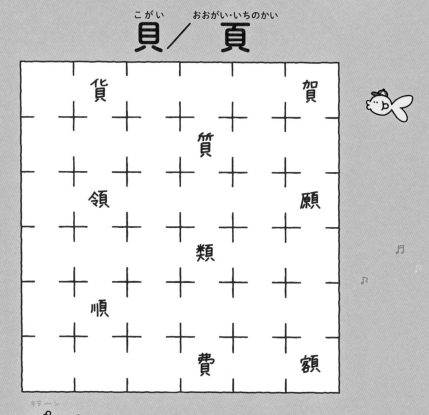

答えは126ページへ。

37

ブロック分割2

○の中の数が、それ以外の連続する数の
たし算の答えになるように、線で囲んでわけよう。
すべてのマスを使ってね。ななめには囲めないよ。

お手本

3+4+5=⑫

1+2+3=⑥

6+7=⑬

2+3+4+5=⑭

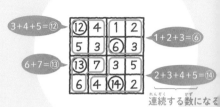

連続する数になる

6	7	5	(26)	6
(22)	5	8	7	5
7	5	(20)	5	(18)
4	3	4	2	6
2	6	3	(14)	4

答えは128ページへ。

おんブー（先生）

いも虫パズル 2

1〜7までの数を、ひとつずつマスの中に入れよう。

○には偶数（2か4か6）、□には奇数（1か3か5か7）が入るんだ。

不等号（>、<）を見て、正しい数を入れてね。

同じ数は1回しか使えないよ。

ちゃんと
問題も
とくんじゃぞ

オナラが
おんぶに！

ちょっと
くさい…

答えは130ページへ。

39

回転する漢字 2

下の図形を、真ん中の線で回転させてみよう。
何の漢字がうかび上がるかな？

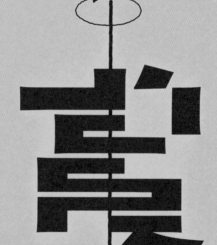

音楽って

ねむくなる
よな～

答えは132ページへ。

となり合わせパズル１

４つにわかれたマスの中で、同じ文字の
ひらがなやカタカナがとなり合うように、
❶〜❸のブロックを入れてね。
ブロックは回転して入るものもあるよ。

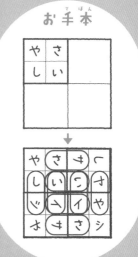

お手本

❶

た	カ
あ	モ

❷

あ	カ
た	も

❸

モ	カ
ア	タ

「あたかも」の意味：あるものが他のものによく似ていること。まさしく。まるで。

答えは134ページへ。

41

小数ボックス 1

空いているマスに小数を入れよう。
このボックスは、ひとつの面にある
4つの小数をたすと、どの面も20になるよ。

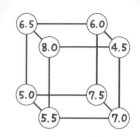

お手本

ひとつの面の4つの数をたすと、
6面すべて25になる。
6.5+8.0+4.5+6.0=25
6.5+8.0+5.5+5.0=25

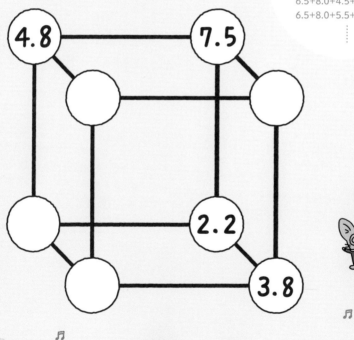

起きて

答えは137ページへ。

42

倍数クロス1

3と4の倍数を、それぞれ別の線でつなごう。

3の倍数は3から、4の倍数は4からスタートして、

線はすべてのマスを通ってね。3の倍数と4の倍数で、

同じ数になるところ（3と4の公倍数）は、線が交差するんだ。

ななめには進めないよ。

倍数の意味

ある数に自然数（1、2、3、4、……と続く数）をかけてできる数のこと。

例えば、3の倍数は3、6、9、12、15、18、21、24、27、30、33、……のこと。

		8	15	20
4				
3				
		12		
6		9		16

答えは138ページへ。

マーチングぶーちゃん

反対言葉つなぎ 1

ふたつで一組になるように、
反対の意味の言葉を線でつなごう。
線はすべてのマスを通ってね。ななめに進んではだめ。
同じマスは 1 回しか通れないよ。

お手本

| 明るい | | 高い |
| 低い | 暗い | |

マー、
いい曲が
できたよ

ムズそ〜

いっしょに
歌うか！

過去			入学	
			解散	
	連続			卒業
		未来		
消費			生産	
断続	集合			

答えは140ページへ。

44

集中！四字熟語さがし2

それぞれの四角の中から、ひとつだけちがう漢字を見つけて、
下の❶〜❹に1文字ずつ入れてね。
何という四字熟語になるかな？

❶
```
雷雷雷雷雷雷雷雷雷雷雷雷雷
雷電雷雷雷雷雷雷雷雷雷雷雷
雷雷雷雷雷雷雷雷雷雷雷雷雷
雷雷雷雷雷雷雷雷雷雷雷雷雷
雷雷雷雷雷雷雷雷雷雷雷雷雷
雷雷雷雷雷雷雷雷雷雷雷雷雷
雷雷雷雷雷雷雷雷雷雷雷雷雷
雷雷雷雷雷雷雷雷雷雷雷雷雷
雷雷雷雷雷雷雷雷雷雷雷雷雷
雷雷雷雷雷雷雷雷雷雷雷雷雷
```

❷
```
米米米米米米米米米米米米米
米米米米米米米米米米米米米
米米米米米米米米米米米米米
米米米米米米米米米米米米米
米米米米米米米米米米米米米
米米米米米米米米米米米米米
米米米米米米米米米米米米米
米米米米米米米米米米米米米
米米米米米米米米米光米米米
米米米米米米米米米米米米米
```

❸
```
右右右右右右右右右右右右右
右右右右右右右右右右右右右
右右右右右右右右右右右右右
右右右右右右右右右右右右右
右右右右右右右石右右右右右
右右右右右右右右右右右右右
右右右右右右右右右右右右右
右右右右右右右右右右右右右
右右右右右右右右右右右右右
```

❹
```
父父父父父父父父父父父父父
父父父父父父父父父父父父父
父父父父父父父父父父父父父
父父父父父父父父父父父父父
父父父父父父父父父父父父父
父父父父父父父父父父父父父
父父父父父父父父父父父父父
父父父父父父父父父父父父火父
父父父父父父父父父父父父父
```

❶

❷

❸

❹

読み方まで
わかるかにゃ？

ネコタンニン（次男）

できる四字熟語の意味：とても短い時間のこと。また、とても素早いこと。

答えは142ページへ。

45

倍数つなぎ1

6からスタートして、6の倍数を順番につなごう。
6の倍数でない数はよけながら、
それ以外のマスをすべて通ってね。ななめに進んではだめ。
同じマスは1回しか通れないよ。

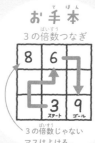

お手本
3の倍数つなぎ

8	6	
	3 スタート	9 ゴール

3の倍数じゃない
マスはよける。

> **倍数の意味**
> ある数に自然数(1、2、3、4、……と続く数)をかけてできる数のこと。
> 例えば、3の倍数は3、6、9、12、15、18、21、24、27、30、33、……のこと。

12			24			60
		スタート 6		66	ゴール 78	
	18					
				72		
34				54		
36		35		30		52
	40		42		46	
			41			48

答えは133ページへ。

砂時計1

空いているマスに、左の数を選んで入れよう。
となり合ったふたつの数をたして、
たした答えの一の位の数が、
お手本と同じように矢印の先に入るんだ。
左の数は1回ずつしか使えないよ。

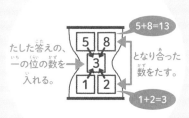

お手本

5+8=13

たした答えの、
一の位の数を
入れる。

となり合った
数をたす。

1+2=3

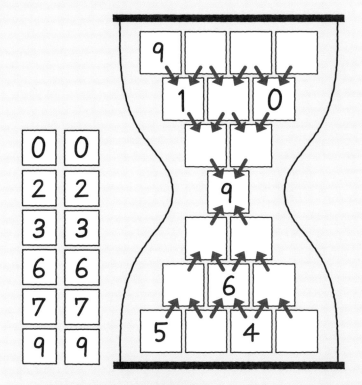

答えは124ページへ。

たいこつむり

色と言葉つなぎ１

●に色の漢字を入れると、慣用句になるよ。
●に当てはまる色と、慣用句の意味を線でつなごう。
ただし、色だけふたつ余るよ。

泣ける歌じゃ…

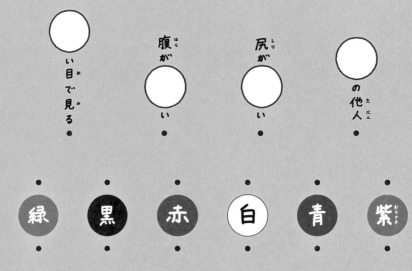

い目で見る・

腹が　い・

尻が　い・

の他人・

緑　黒　赤　白　青　紫

・何の関係もない、全く知らない人。

・心がゆがんでいて、悪いことを考えているようす。

・まだ未熟であること。

・冷たい目で人を見る。

答えは126ページへ。

48

漢字パズル 2

右と左から 1 個ずつ選んで、小学 5 年生までに習う漢字を
5 個作ろう。同じものは 1 回しか使えないよ。

お手本

イ〜ヒ
↓
化

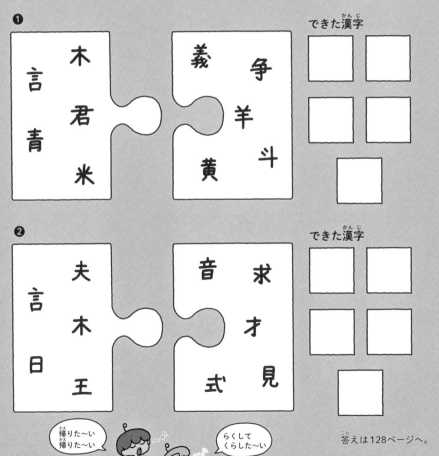

❶ 言 木 君 青 米 　 義 争 羊 黄 斗

できた漢字

❷ 言 夫 木 日 王 　 音 求 才 式 見

できた漢字

帰りた〜い
帰りた〜い

らくして
くらした〜い

答えは 128 ページへ。

49

ドミノ筆算1

筆算をばらばらにしたドミノがあるよ。
ドミノの向きはそのままで、
筆算の空いているマスに入れて、正しい計算にしてね。

お手本

❶

```
    2 8
  ×
  ─────
        0
  8 4
  ─────
        0
```

❷

```
    2 3
  ×
  ─────
        5
  9 2
  ─────
  1     5
```

ドミノ：
❶ 1 4 ／ 9 8 ／ 3 5
❷ 0 3 ／ 4 5 ／ 1 1

いいメロディが
うかんだ！

答えは130ページへ。

50

分数サイコロ1

分数が書かれたサイコロの展開図があるよ。

サイコロの向かい合う面をたすと、どれも1になるよ。

□に入る数字は何かな？

すべての分数は、これ以上約分できない分数に

なっているよ。

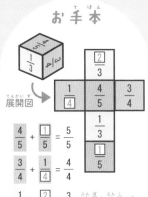

お手本

展開図

$$\frac{4}{5} + \frac{\boxed{1}}{5} = \frac{5}{5}$$

$$\frac{3}{4} + \frac{\boxed{1}}{4} = \frac{4}{4}$$

$$\frac{1}{3} + \frac{\boxed{2}}{3} = \frac{3}{3}$$ 分母と分子が
同じ数だと
1になる。

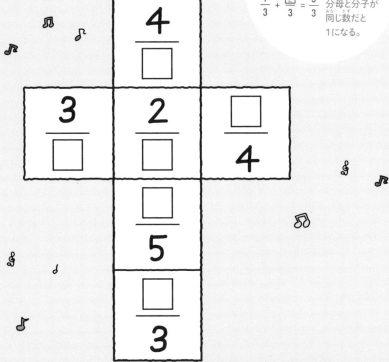

答えは132ページへ。

51

天才言葉集め2

それぞれの四角の中から、ひとつだけちがうひらがなを見つけて、
下の❶〜❻に1文字ずつ入れてね。何という言葉になるかな？

みんな
おどろう！

❶
おおおおおおおおおお
おおおおおおおおおお
おおおおおおおおむお
おおおおおおおおおお
おおおおおおおおおお
おおおおおおおおおお
おおおおおおおおおお
おおおおおおおおおお
おおおおおおおおおお

❷
いいいいいいいいいい
いいいいいいいいいい
いいいいいいいいいい
いいいいいいいいいい
いいいいいいいいいい
いいいりいいいいいい
いいいいいいいいいい
いいいいいいいいいい
いいいいいいいいいい

❸
はははははははははは
はははははははなはは
はははははははははは
はははははははははは
はははははははははは
はははははははははは
はははははははははは
はははははははははは
はははははははははは

❹
く く く く く く く く く く
く く く く く く く く く く
く く く く く く く く く く
く く く く く く く く く く
く く く く く く く く く く
く く く く く く く く く く
く く く く ん く く く く く
く く く く く く く く く く
く く く く く く く く く く

ワタシは
ダンスの先生

❺
たたたたたたたたたた
たたたたたたたたたた
たたたたたたたたたた
たたたたたたたたたた
たたたたたたたたたた
たたたたたたたたたた
たたたたたたたたたた
たたたたたただたたた
たたたたたたたたたた

❻
りりりりりりりりりり
りりりりりりりりりり
りりりりりりりりりり
りりりりりりりりりり
りりりりりりりりりり
りりりりいりりりりり
りりりりりりりりりり
りりりりりりりりりり
りりりりりりりりりり

アルパカフライ
ダンサー

❶	❷	❸	❹	❺	❻

をふっかける。

できる言葉の意味：解決が難しい問題をおしつけること。

答えは134ページへ。

同じ音をさがせ！1

同じ読み方の漢字が、縦・横・ななめのどこか1列に並んでいるよ。
どこかさがして、1本線を引いてね。

飯	管	材	連
印	完	単	敗
信	観	辺	阪
英	関	帯	満

こう見えて
ダンスは得意なんじゃ

答えは136ページへ。

53

2けたてんびんパズル2

1〜5のどれかをひとつずつマスの中に入れて、
2けたの数を作ろう。てんびんの真ん中には、
大きい数から小さい数をひいた答えが書いてあるよ。
○には偶数（2か4）、□には奇数（1か3か5）が入るんだ。
同じ数は1回しか使えないよ。

お手本

32の方が大きいので、こちらがかたむく

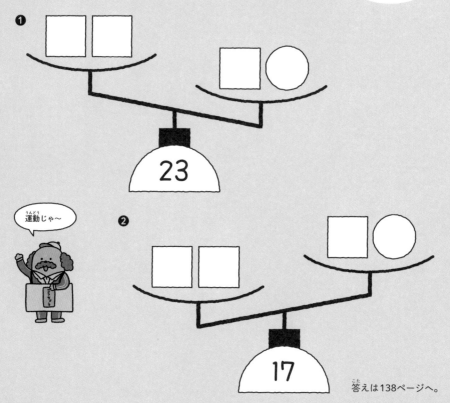

運動じゃ〜

答えは138ページへ。

右左めいろ2

→からスタートして、「右」のマスでは右に、
「左」のマスでは左に向きをかえながら進むと、
何番にゴールするかな？
同じマスを何回通ってもOK。
何も書かれていないマスはまっすぐに進むよ。

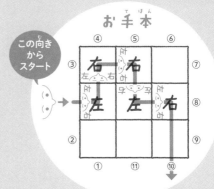

この向きからスタート

お手本

やりたくないぜ

う〜ん

答えは140ページへ。

57

動物言葉つなぎ2

□に動物を入れると、ことわざや慣用句になるよ。□に当てはまる動物と、ことわざや慣用句の意味を線でつなごう。ただし、動物だけひとつ余るよ。

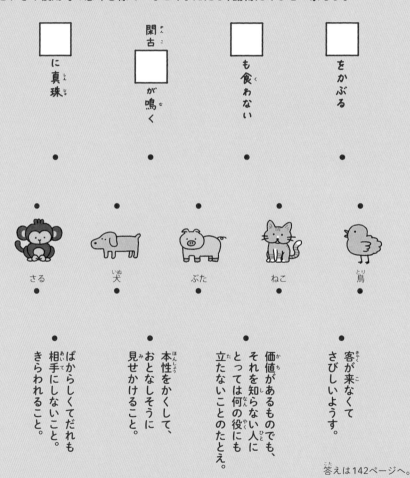

- □に真珠
- 閑古□が鳴く
- □も食わない
- □をかぶる

さる　犬　ぶた　ねこ　鳥

- ばからしくてだれも相手にしないこと。きらわれること。
- 本性をかくして、おとなしそうに見せかけること。
- 価値があるものでも、それを知らない人にとっては何の役にも立たないことのたとえ。
- 客が来なくてさびしいようす。

答えは142ページへ。

画数めいろ2

漢字の画数が小さい順に進んで、いちばん近い道を通って
スタートからゴールまで行こう。すべての漢字を通るけど、
すべてのマスは通らなくてもOK。同じ道は1回しか通れないよ。

たまご入れ

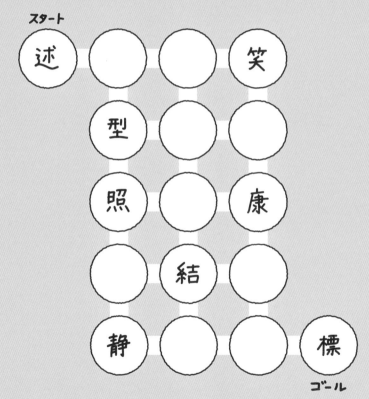

スタート

述 ○ ○ 笑

○ 型 ○ ○

○ 照 ○ 康

○ ○ 結 ○

○ 静 ○ ○ 標

ゴール

たまご3兄弟

にたまご　はんじゅくたまご　おんせんたまご

答えは135ページへ。

59

数字の通り道2

お手本

すでにマスの中に入っている数字をヒントにして、
すべてのマスを1〜64の数字でうめよう。
1〜64の数字は、つなげると1本の道になるよ。
1本の道は、ななめには進めないよ。

もえてる…

				19			
		9					
			27				
				1			64
					48		
38							

答えは125ページへ。

不等号円パズル2

1〜6までの数を、ひとつずつマスの中に入れよう。
○には偶数（2か4か6）、
□には奇数（1か3か5）が入るんだ。
不等号（>、<）を見て、正しい数を入れて円にしてね。
同じ数は1回しか使えないよ。

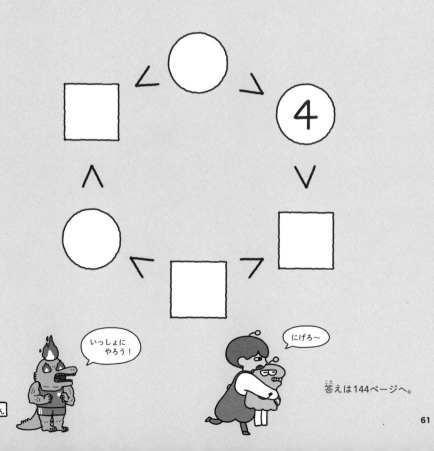

いっしょにやろう！

にげろ〜

熱血わーにくん

答えは144ページへ。

61

回転する漢字 3

下の図形を、真ん中の線で回転させてみよう。
何の漢字がうかび上がるかな？

つな引きにゃ！

ネコタンニン（三男）

引っぱっていいの？

答えは128ページへ。

四字熟語つなぎ1

下のふたつの四字熟語が完成するように、読み方の順に
それぞれ線でつなごう。線はすべてのマスを通ってね。
ななめに進んではだめ。同じマスは1回しか通れないよ。

馬耳東風…人に何を言われても、少しも気にしていないこと。
一言一句…文章や会話に出てくる、ちょっとした言葉や、一つひとつの言葉。

お手本

一石二鳥……
ひとつのことをして、
ふたつのいいことを
手に入れるたとえ。

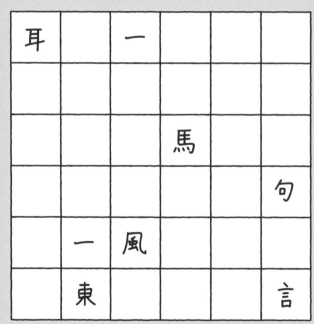

ハウスポチ

答えは130ページへ。

パズルのピース2

3つのピースがぬけているパズルがあるよ。
ぬけている部分にぴったりとはまるピースの組み合わせは、
❶～**❹**のどれかな？
❶～**❹**のピースは裏返しにはできないけど、回転して入る場合があるよ。

水分を
ほきゅうしよう

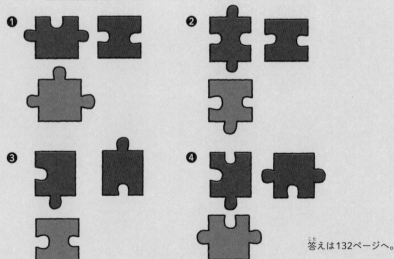

❶ ❷

❸ ❹

答えは132ページへ。

数合わせパズル 2

1〜10までの数を○の中に入れよう。
それぞれの四角の中の数をたして、
答えがすべて同じになるようにしてね。
同じ数は1回しか使えないよ。

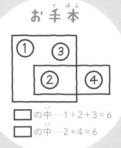

お手本

□ の中……1＋2＋3＝6
□ の中……2＋4＝6

使った数のチェック

1 2 3 4 5 6 7 8 9 10

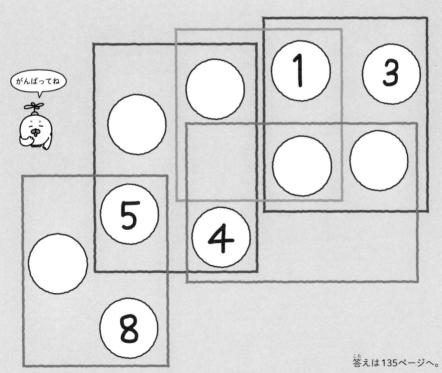

がんばってね

答えは135ページへ。

65

天才言葉集め3

おうえん
するし〜

ギャルパンダ

それぞれの四角の中から、ひとつだけちがうひらがなを見つけて、
下の❶〜❻に１文字ずつ入れてね。何という言葉になるかな？

❶
ぶぶぶぶぶぶぶぶぶ
ぶぶぶぶぶぶぶぶぶ
ぶぶぶぶぶぶぶぶぶ
ぶぶぶぶぶぶぶぶぶ
ぶぶぶぶぶぶぶぶぶ
ぶぶぶぶぶぶぶぶぶ
ぶぶぶぶぶぶぶぶぶ
ぶぶぶぶぶぶぶぶぶ

❷
でででででででででで
でででででででででで
でてででででででででで
でででででででででで
でででででででででで
でででででででででで
でででででででででで
でででででででででで

❸
ししししししししししし
しししししししくしし
ししししししししししし
ししししししししししし
ししししししししししし
ししししししししししし
ししししししししししし
ししししししししししし

❹
きききききききききき
ききききききききききき
ききききききききききき
ききききききさきき
きききききききききき
ききききききききききき
きききききききさきき
ききききききききき

❺
ねねねねねねねねねね
ねねねねねねねねねね
ねねねねねねねねねね
ねねねねねねねねねね
ねねねねねねねねねね
ねねねねねねねねねね
ねねれねねねねねね
ねねねねねねねねねね

❻
ろろろろろろろろろ
ろろろろろろろろろ
ろろろろろろるろろ
ろろろろろろろろろ
ろろろろろろろろろ
ろろろろろろろろろ
ろろろろろろろろろ
ろろろろろろろろろ

フレフレ

はっぴっぱ

おこられて

❶	❷	❸	❹	❺	❻

。

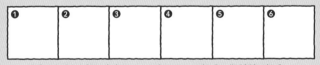

できる言葉の意味：不満な気持ちから、投げやりな態度や反抗的な態度をとること。

答えは137ページへ。

ことわざめいろ2

「あ→ん→ず→る→よ→り→う→む→が→や→す→し」の
順番に2回くり返して、スタートからゴールまで行こう。
すべてのマスを通らなくてもOK。ななめに進んではだめ。
同じマスは1回しか通れないよ。

案ずるより産むが易し…あれこれ心配するよりも、いざやってみると案外簡単にできるものだという教え。

お手本

ねこにこばん……
どんなにりっぱなも
のをあげても、その
人には価値がわから
ないことのたとえ。

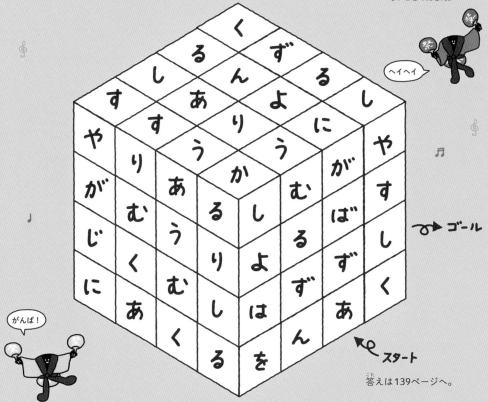

ヘイヘイ

ゴール

がんば！

スタート

答えは139ページへ。

67

倍数クロス2

3と4の倍数を、それぞれ別の線でつなごう。
3の倍数は3から、4の倍数は4からスタートして、
線はすべてのマスを通ってね。3の倍数と4の倍数で、
同じ数になるところ（3と4の公倍数）は、線が交差するんだ。
ななめには進めないよ。

倍数の意味

ある数に自然数（1、2、3、4、……と続く数）をかけてできる数のこと。
例えば、3の倍数は3、6、9、12、15、18、21、24、27、30、33、……のこと。

				8	3
4					
	12		9		6
		20			27
15	16			24	
	18			21	28

おどって
ばかりじゃな

答えは140ページへ。

ハニカムひき算パズル2

ミツバチをそれぞれの部屋に入れよう。
左右にとなり合ったふたつの数の、大きい数から小さい数を
ひいて、ひいた答えをその下に入れてね。
正しい計算になるように、すべてのミツバチを使ってね。

お手本

答えは143ページへ。

69

書き順めいろ2

赤い線で書かれたところが2画目である漢字を通って、
スタートからゴールまで行こう。
2画目である漢字はすべて通ってね。同じ道は1回しか通れないよ。

答えは141ページへ。

70

集中！ 四字熟語さがし 3

それぞれの四角の中から、ひとつだけちがう漢字を見つけて、
下の❶～❹に1文字ずつ入れてね。
何という四字熟語になるかな？

❶
古古古古古古古古古古
古古古古古古古古古古
古古古古古古古古古古
古古古古古肉古古古古
古古古古古古古古古古
古古古古古古古古古古
古古古古古古古古古古
古古古古古古古古古古
古古古古古古古古古古
古古古古古古古古古古

❷
巣巣巣巣巣巣巣巣巣巣巣
巣巣巣巣巣巣巣巣巣巣巣
巣巣巣巣巣巣巣巣巣巣巣
巣巣巣巣巣巣巣巣巣巣巣
巣巣巣巣巣巣巣巣巣巣巣
巣巣巣巣巣巣巣巣巣巣巣
巣巣巣巣巣巣巣巣巣巣巣
巣巣巣巣巣果巣巣巣巣巣
巣巣巣巣巣巣巣巣巣巣巣
巣巣巣巣巣巣巣巣巣巣巣

❸
広広広広広広広広広広広広
広広広広広広広広広広広広
広広広広広広広広広広広広
広広広広広広広広広広広広
広広広広広広広広広広広広
広広広応広広広広広広広広
広広広広広広広広広広広広
広広広広広広広広広広広広
広広広広広広広広広広広広
広広広広広広広広広広広広

❹
服服服服服服服服服服服
服服服服服服服服服服服
服服服服服服服服服服服
服服服服服服服服服服服
服服服服服服服服服服服
服服服服服服服服服服服
服服服服服服服服服服服
服服服服服服服服服服服
服服服服服服服報服服服
服服服服服服服服服服服

❶ ❷ ❸ ❹

読み方まで
わかるかにゃ？

できる四字熟語の意味：人の行いは、その善悪に応じて必ず自分に返ってくるということ。

答えは124ページへ。

71

砂時計2

空いているマスに、左の数を選んで入れよう。
となり合ったふたつの数をたして、
たした答えの一の位の数が、
お手本と同じように矢印の先に入るんだ。
左の数は1回ずつしか使えないよ。

お手本

5+8=13

たした答えの、
一の位の数を
入れる。

となり合った
数をたす。

1+2=3

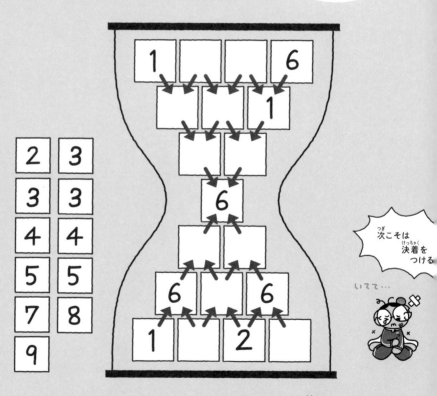

次こそは
決着を
つける

いてて…

答えは127ページへ。

約数つなぎ1

24の約数を、小さい順につなごう。
24の約数でない数はよけながら、
それ以外のマスをすべて通ってね。ななめに進んではだめ。
同じマスは1回しか通れないよ。

お手本
9の約数つなぎ

8は9の約数ではないのでよける

約数の意味

約数とは、ある数をわり切ることができる数のこと。例えば、8の約数は1、2、4、8だ。「8÷○」としたときに、余りが出ない数だよ。

			スタート			
3			1			
	5					
		8		2		
6					ゴール 24	
			18			
	4					
		12				

いてて…

答えは128ページへ。

慣用句さがしパズル2

下の5つのことわざや慣用句をさがして、線でつなごう。
ひとつの言葉は、1本の線でつながるよ。

お手本

木目が細かい…細かいところまで気を配っていること。
道草を食う…目的地に行くとちゅうで、他のことをして時間を使うこと。
けんか両成敗…けんかをした両方を、理由に関係なくばっすること。
そでふり合うも多生の縁…ちょっとした出会いも、前世からの縁によるもの
　　　　　　　　　　　　だということ。※多生は他生とも書く。
にがした魚は大きい…一度手に入れかけて失ったものは、実際よりも価値が
　　　　　　　　　　あるように思えるものだというたとえ。

馬が合う……
気が合うこと。
手を焼く……
手間がかかって苦労
すること。

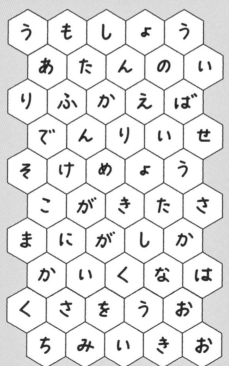

カニパン
つかまえた

カニパン

答えは131ページへ。

74

ばらばら漢字パズル1

下の5つの漢字を分解したら、
パーツがひとつなくなってしまったよ。
なくなったパーツは、どの漢字のどこかな？

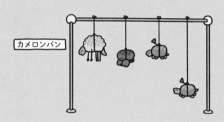

カメロンパン

欠 冷 富 塩 辞

カメロンパンと
カニパンって
食べていいの？

こわいから
ふつうのパン
食べよう

答えは132ページへ。

75

いも虫パズル 3

1〜8までの数を、ひとつずつマスの中に入れよう。
○には偶数（2か4か6か8）、
□には奇数（1か3か5か7）が入るんだ。
不等号（>、<）を見て、正しい数を入れてね。
同じ数は1回しか使えないよ。

次は
料理で勝負だ！

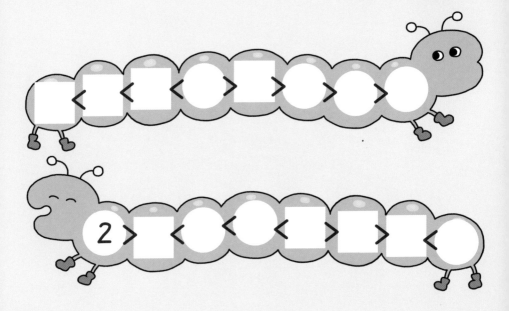

答えは135ページへ。

たし算パズル2

白いマスに1〜9までの数をひとつずつ入れよう。
縦または横に並ぶ白いマスの数をたすと、黒いところ（■）に書かれた数になるよ。
すでに入っている数をヒントに、マスをうめてね。

使った数のチェック
✓ 1 2 3 4 5 6 ✓ 7 8 9

ハラペコ
だぜ〜

食べる！

たす →

たす ↓

			23
1		7	12
			10
10	18	17	

答えは136ページへ。

ことわざめいろ3

「と→う→だ→い→も→と→く→ら→し」の順番に
2回くり返して、スタートからゴールまで行こう。
すべてのマスを通らなくてもOK。ななめに進んではだめ。
同じマスは1回しか通れないよ。

灯台下暗し…身近なことには、かえって気がつかないものだというたとえ。

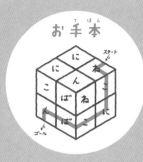

お手本

ねこにこばん……
どんなにりっぱなも
のをあげても、その
人には価値がわから
ないことのたとえ。

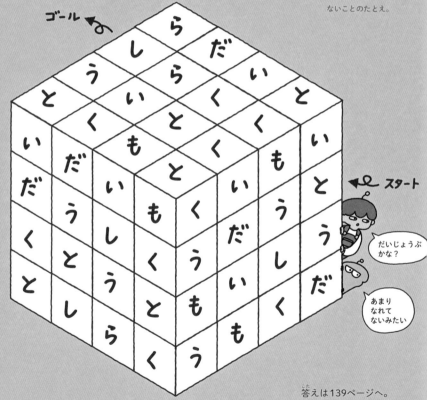

だいじょうぶ
かな？

あまり
なれて
ないみたい

答えは139ページへ。

エリアわけ3

部首が同じ漢字をまとめて、ふたつのエリアにわけよう。
引ける線は1本だけで、とちゅうで2本にわかれてはだめだよ。
すべてのマスを通らなくてOK。線はななめには引けないよ。

お手本

⺾（くさかんむり）／木（きへん）

にんべん　　ぼくにょう・のぶん
イ／攵

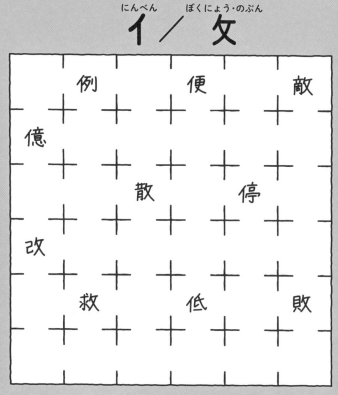

例　　便　　敵

億

散　　停

改

救　　低　　敗

分量を
キッチリと…

こぼさないように…

答えは140ページへ。

81

ブロック分割3

○の中の数が、それ以外の連続する数の
たし算の答えになるように、線で囲んでわけよう。
すべてのマスを使ってね。ななめには囲めないよ。

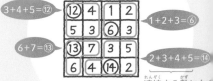

お手本

3+4+5=⑫

⑫	4	1	2
5	3	⑥	3
⑬	7	3	5
6	4	⑭	2

1+2+3=⑥

6+7=⑬

2+3+4+5=⑭

連続する数にな…

7	6	7	㉗	5	4
㉒	4	2	5	4	3
3	6	5	3	5	⑨
7	㉕	6	⑫	6	4
5	2	4	3	5	2
3	⑭	5	4	⑳	4

にく

なまにく

てばさき

答えは143ページへ。

2けたてんびんパズル 3

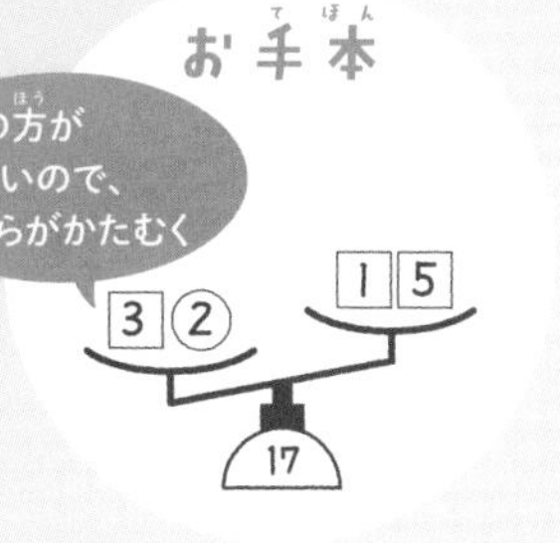

1〜5のどれかをひとつずつマスの中に入れて、
2けたの数を作ろう。てんびんの真ん中には、
大きい数から小さい数をひいた答えが書いてあるよ。
○には偶数（2か4）、□には奇数（1か3か5）が入るんだ。
同じ数は1回しか使えないよ。

お手本

32の方が
大きいので、
こちらがかたむく

3 2　　1 5

17

❶

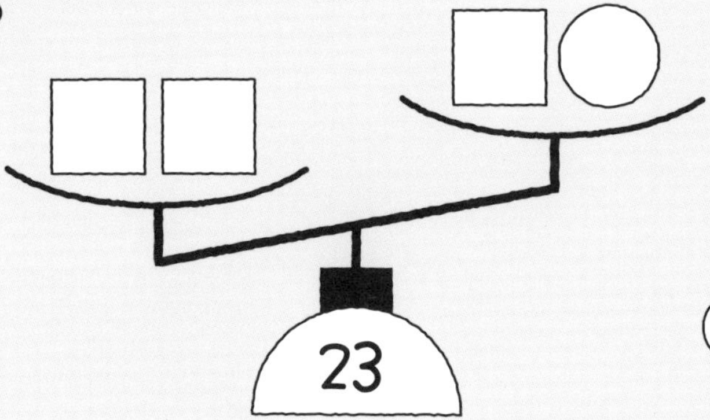

23

おにくは
いかが？

おにくやさん

❷

31

包丁をもっていない方の
手はネコの手に…

ゆっくり…
ていねいに…

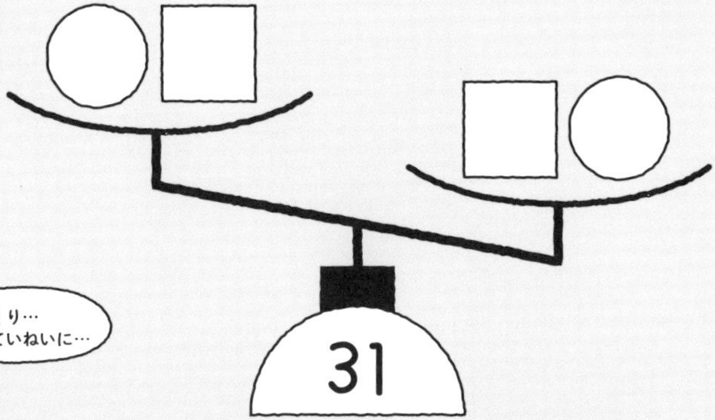

答えは125ページへ。

となり合わせパズル2

4つにわかれたマスの中で、同じ文字の
ひらがなやカタカナがとなり合うように、
❶〜❸のブロックを入れてね。
ブロックは回転して入るものもあるよ。

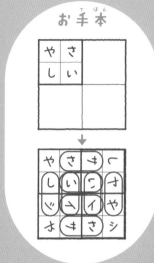

お手本

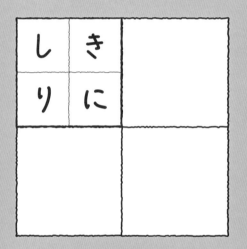

うまうま

❶
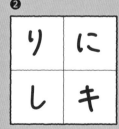

❷

❸

「しきりに」の意味：同じことが何度もくり返し起こるようす。

答えは127ページへ。

色と言葉つなぎ2

サイコー

じゅゐソ〜

○に色の漢字を入れると、ことわざや慣用句になるよ。○に当てはまる色と、ことわざや慣用句の意味を線でつなごう。ただし、色だけふたつ余るよ。

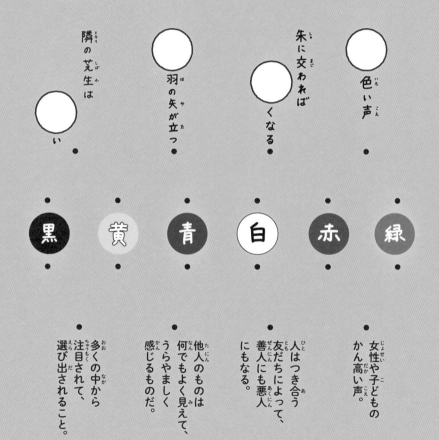

隣の芝生は○い

○羽の矢が立つ

朱に交われば○くなる

○色い声

黒　黄　青　白　赤　緑

多くの中から注目されて、選び出されること。

他人のものは何でもよく見えて、うらやましく感じるものだ。

人はつき合う友だちによって、善人にも悪人にもなる。

女性や子どものかん高い声。

答えは129ページへ。

85

砂時計3

空いているマスに、左の数を選んで入れよう。
となり合ったふたつの数をたして、
たした答えの一の位の数が、
お手本と同じように矢印の先に入るんだ。
左の数は1回ずつしか使えないよ。

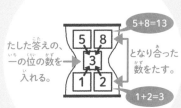

お手本

5+8=13
たした答えの、
一の位の数を
入れる。
となり合った
数をたす。
1+2=3

秘伝の粉を
入れて、一晩にこんで…

答えは131ページへ。

数合わせパズル 3

1～10までの数を○の中に入れよう。
それぞれの四角の中の数をたして、
答えがすべて同じになるようにしてね。
同じ数は1回しか使えないよ。

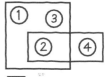

お手本

①　③
②　④

☐ の中……1＋2＋3＝6
☐ の中……2＋4＝6

使った数のチェック

✓1　2　✓3　4　5　6　✓7　8　✓9　10

10

3

7

1

9

答えは133ページへ。

こわっ　　黒まじゅつ？

87

回転する漢字 4

下の図形を、真ん中の線で回転させてみよう。
何の漢字がうかび上がるかな？

お手本

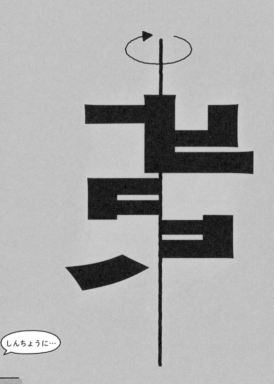

ゆっくり
ゆっくり
まぜる

しんちょうに…

しんちょうに…

答えは135ページへ。

88

天才言葉集め4

それぞれの四角の中から、ひとつだけちがうひらがなを見つけて、
下の❶〜❻に1文字ずつ入れてね。何という言葉になるかな？

❶
つつつつつつつつつつつ
つつつつつつつつつつつ
つつつつつつつつつつ
つつつつつつつつつつ
つつつつつつつつつつ
つつつうつつつつつつ
つつつつつつつつつつ
つつつつつつつつつつ
つつつつつつつつつつつ

❷
ささささささささささ
ささささささささささ
ささささささささささ
ささささささささささ
ささささささささささ
ささささささささささ
ささささささきさささ
ささささささささささ

❸
おおおおおおおおおお
おおおおおおおおおお
おおおおおおおおおお
おおおおおおおおおお
おおおおおおおおおお
おおおおおおおおおお
おおあおおおおおおお
おおおおおおやおおお

❹
つつつつつつつつつつ
つつつつつつつつつつ
つつつつつつつつつつ
つつつつつつつつつつ
つつつつつつつつつつ
つつつつつつつつつつ
つつしつつつつつつ
つつつつつつつつつつ

ほかのもの
食べよーぜ

ユウとウセイの
料理はまだ
できないみたい…

❺
たたたたたたたたたた
たたたたたたたただた
たたたたたたたたたた
たたたたたたたたたた
たたたたたたたたたた
たたたたたたたたたた
たたたたたたたたたた
たたたたたたたたた

❻
ううううううううう
ううううううううう
ううううらうううう
ううううううううう
ううううううううう
ううううううううう
ううううううううう
ううううううううう

おばけが出るといううわさに

❶	❷	❸	❹	❺	❻

。

できる言葉の意味：不安やきょうふを感じて、落ち着いていられなくなること。

答えは137ページへ。

右左めいろ3

↑からスタートして、「右」のマスでは右に、
「左」のマスでは左に向きをかえながら進むと、
何番にゴールするかな？
同じマスを何回通ってもOK。
何も書かれていないマスはまっすぐに進むよ。

この向き
から
スタート

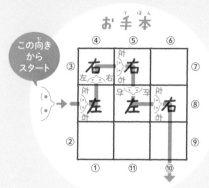

お手本

② ⑦ ⑧ ⑨ ⑩

⑥ ⑦ ⑧ ⑨ ⑩

⑤ 右 左 ⬜ ⬜ 左 ⑪

④ 右 ⬜ ⬜ 左 ⬜ ⑫

③ 左 左 ⬜ 左 ⬜ ⑬

② 左 ⬜ ⬜ ⬜ 左 ⑭

① ⬜ ⬜ ⬜ ⬜ ⬜ ⑮

⑲ ↑ ⑱ ⑰ ⑯

答えは139ページへ。

90

あいだの数は？3

お手本
⑤⑨の下には
6、7、8のどれかが入る。

⑤ ⑨ …5 | 6 7 8 | 9…
あいだの数

0.1 〜 1.0までの数を、○の中に入れよう。
左右にとなり合ったふたつの数の、あいだの数が下に入るよ。
同じ数は1回しか使えないよ。

使った数のチェック
0.1　0.2　0.3　0.4　0.5　0.6　0.7　0.8　0.9　1.0

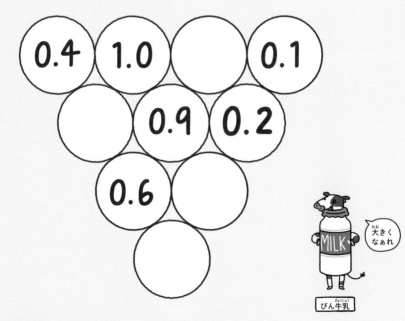

大きく
なぁれ

MILK

びん牛乳

答えは141ページへ。

91

反対言葉つなぎ2

お手本

ふたつで一組になるように、
反対の意味の言葉を線でつなごう。
線はすべてのマスを通ってね。ななめに進んではだめ。
同じマスは1回しか通れないよ。

好転	予習			損失
		悪化		
精神				
		利益		
	復習		肉体	自発
		強制		

シースー

スシで〜す

ス〜シ〜

シ〜

答えは142ページへ。

慣用句さがしパズル3

下の5つのことわざや慣用句をさがして、線でつなごう。
ひとつの言葉は、1本の線でつながるよ。

青菜に塩…元気がなく、しょんぼりしているようす。
口から先に生まれる…おしゃべりな人をからかって言う言葉。
紺屋の白袴…他人のことでいそがしくて、自分のことに手が回らないこと。
　　　　　※紺屋は紺屋とも読む。
五十歩百歩…ちがうように見えて、実はどれもあまり変わりがないこと。
習慣は第二の天性なり…身についた習慣は、生まれつきの性質とほとんど同じである。

お手本

馬が合う……
気が合うこと。
手を焼く……
手間がかかって苦労
すること。

答えは127ページへ。

93

ドミノ筆算2

筆算をばらばらにしたドミノがあるよ。

ドミノの向きはそのままで、
筆算の空いているマスに入れて、正しい計算にしてね。

お手本

❶

```
    3 6
  × 4 □
  2 5
□ 4 □
□ 6 □ 2
```

❷

```
    4 8
  × 5 □
  2 4
□ 4 □
□ 6 □ 0
```

4	7	1
9	2	1

5	0	2
0	4	2

答えは129ページへ。

94

分数サイコロ2

分数が書かれたサイコロの展開図があるよ。

サイコロの向かい合う面をたすと、どれも1になるよ。

□に入る数字は何かな？

すべての分数は、これ以上約分できない分数に

なっているよ。

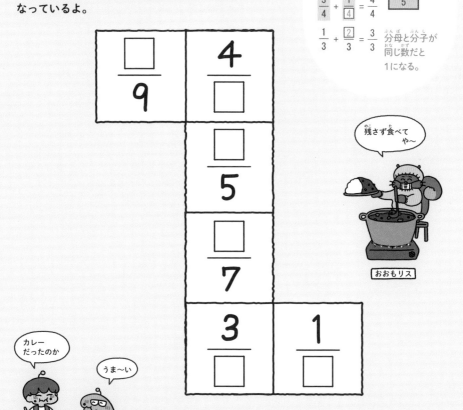

お手本

展開図

$\frac{4}{5}$ + $\frac{\boxed{1}}{5}$ = $\frac{5}{5}$

$\frac{3}{4}$ + $\frac{1}{\boxed{4}}$ = $\frac{4}{4}$

$\frac{1}{3}$ + $\frac{\boxed{2}}{3}$ = $\frac{3}{3}$　分母と分子が同じ数だと1になる。

残さず食べてや〜

おおもリス

カレーだったのか

うま〜い

答えは144ページへ。

95

漢字パズル3

右と左から1個ずつ選んで、小学5年生までに習う漢字を
5個作ろう。同じものは1回しか使えないよ。

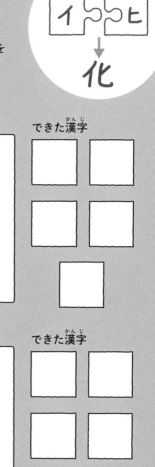

お手本

イ⌒ヒ

↓

化

① ぐ～

金 糸 口
女 糸
糸

竟
子 合 井
吉

できた漢字

②

口 木 食
糸 舌

辛 大 反 売
公

できた漢字

答えは133ページへ。

集中！ 四字熟語さがし 4

それぞれの四角の中から、ひとつだけちがう漢字を見つけて、
下の❶〜❹に1文字ずつ入れてね。
何という四字熟語になるかな？

❶ 項項項項項項項項項項項項
項項項項項項項項項項項項項
項項項項項項項項項項項項
項項項項項項項項項項項項
項項項項項項項項項項項項
項項項項項項項項項項項項
項項項項項項項項項項項項項
項項項順項項項項項項項項
項項項項項項項項項項項項

❷ 凪凪凪凪凪凪凪凪凪凪凪凪
凪凪凪凪凪凪凪凪凪凪風凪凪
凪凪凪凪凪凪凪凪凪凪凪凪
凪凪凪凪凪凪凪凪凪凪凪凪
凪凪凪凪凪凪凪凪凪凪凪凪
凪凪凪凪凪凪凪凪凪凪凪凪
凪凪凪凪凪凪凪凪凪凪凪凪
凪凪凪凪凪凪凪凪凪凪凪凪
凪凪凪凪凪凪凪凪凪凪凪凪

❸ 渦渦渦渦渦渦渦渦渦渦渦渦
渦渦渦渦渦渦渦渦渦渦渦渦
渦渦渦渦渦渦渦渦渦渦渦渦
渦渦渦渦渦渦渦渦渦渦渦渦
渦渦渦渦渦渦渦渦渦渦渦渦
渦渦渦渦渦渦渦渦渦渦渦渦
渦渦渦渦渦渦渦渦渦渦渦渦
渦渦渦渦渦渦渦満渦渦渦渦
渦渦渦渦渦渦渦渦渦渦渦渦

❹ 帳帳帳帳帳帳帳帳帳帳帳帳
帳帳帆帳帳帳帳帳帳帳帳帳
帳帳帳帳帳帳帳帳帳帳帳帳
帳帳帳帳帳帳帳帳帳帳帳帳
帳帳帳帳帳帳帳帳帳帳帳帳
帳帳帳帳帳帳帳帳帳帳帳帳
帳帳帳帳帳帳帳帳帳帳帳帳
帳帳帳帳帳帳帳帳帳帳帳帳
帳帳帳帳帳帳帳帳帳帳帳帳

読み方まで
わかるかにゃ？

ネコタンニン（四男）

❶	❷	❸	❹

できる四字熟語の意味：物事がうまく進むこと。

うっ…もう
おなかいっぱい

くるし…
もう入らない

答えは143ページへ。

ドミノ筆算3

筆算をばらばらにしたドミノがあるよ。
ドミノの向きはそのままで、
筆算の空いているマスに入れて、正しい計算にしてね。

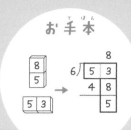
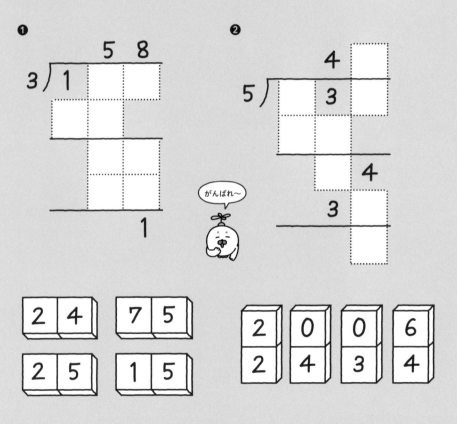

答えは137ページへ。

倍数クロス3

12	5		2
		4	
	10		6
15	8		

3と5の倍数を、それぞれ別の線でつなごう。
3の倍数は3から、5の倍数は5からスタートして、
線はすべてのマスを通ってね。3の倍数と5の倍数で、
同じ数になるところ（3と5の公倍数）は、線が交差するんだ。
ななめには進めないよ。

倍数の意味

ある数に自然数（1、2、3、4、……と続く数）をかけてできる数のこと。
例えば、3の倍数は3、6、9、12、15、18、21、24、27、30、33、……のこと。

3	12			5	
				10	
6		9		15	
	25		20		18
		27		24	
	30		35		21

オ、オレ
おばけは苦手
なんだよぉ…

オイラは
平気〜
いこうぜ

答えは139ページへ。

101

動物言葉つなぎ3

□に動物を入れると、ことわざや慣用句になるよ。□に当てはまる動物と、ことわざや慣用句の意味を線でつなごう。ただし、動物だけひとつ余るよ。

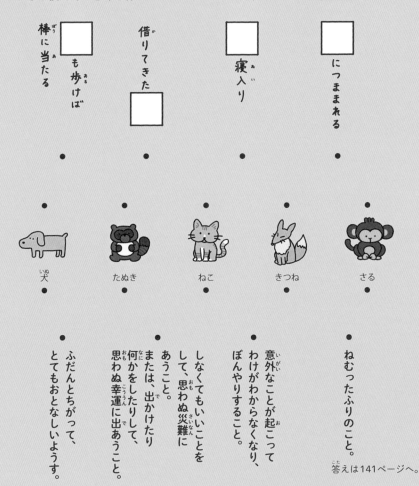

棒に当たる　□も歩けば

借りてきた　□

□寝入り

□につままれる

犬　たぬき　ねこ　きつね　さる

ふだんとちがって、とてもおとなしいようす。

しなくてもいいことをして、思わぬ災難にあうこと。または、出かけたり何かをしたりして、思わぬ幸運に出あうこと。

意外なことが起こってわけがわからなくなり、ぼんやりすること。

ねむったふりのこと。

答えは141ページへ。

102

天才言葉集め 5

それぞれの四角の中から、ひとつだけちがうひらがなを見つけて、
下の❶〜❻に1文字ずつ入れてね。何という言葉になるかな？

❶
あああああああああああ
ああああああああおああ
あああああああああああ
あああああああああああ
あああああああああああ
あああああああああああ
あああああああああああ
あああああああああああ

❷
ほほほほほほほほほほ
ほほほほほほほほほほ
ほぼほほほほほほほほ
ほほほほほほほほほほ
ほほほほほほほほほほ
ほほほほほほほほほほ
ほほほほほほほほほほ
ほほほほほほほほほほ

❸
ううううううううううう
ううううううううつう
ううううううううううう
ううううううううううう
ううううううううううう
ううううううううううう
ううううううううううう
ううううううううううう

❹
がががががががががが
がががががががががが
ががかがががががががが
がががががががががが
がががががががががが
がががががががががが
がががががががががが
がががががががががが
がががががががががが

ギャー！

犬子さん

❺
ははははははははは
ははははははははは
ははははははははは
ははははなはははは
ははははははははは
ははははははははは
ははははははははは
ははははははははは

❻
りりりりりりりりりり
りりりりりりりりりり
りりりりりりりりりり
りりりりりりりりりり
りりりりりりりりりり
りりりりりいりりりり
りりりりりりりりりり
りりりりりりりりりり

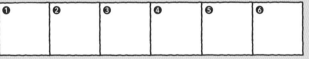

昔の

❶	❷	❸	❹	❺	❻

きおくをたどる。

できる言葉の意味：はっきりしない。あやふやで、たよりない。

答えは143ページへ。

ブロック分割4

○の中の数が、それ以外の連続する数の
たし算の答えになるように、線で囲んでわけよう。
すべてのマスを使ってね。ななめには囲めないよ。

お手本

3+4+5=⑫

1+2+3=⑥

6+7=⑬

2+3+4+5=⑭

連続する数になる

4	7	3	4	6	5
6	⑱	5	7	㉖	3
5	3	6	㉕	8	1
㉒	6	4	3	6	2
5	2	3	1	4	⑥
4	7	⑩	5	⑳	2

こ、こわくない

こわくないこわくない

答えは124ページへ。

小数ボックス2

空いているマスに小数を入れよう。
このボックスは、ひとつの面にある
4つの小数をたすと、どの面も20になるよ。

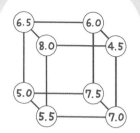

お手本

ひとつの面の4つの数をたすと、
6面すべて25になる。
6.5+8.0+4.5+6.0=25
6.5+8.0+5.5+5.0=25
……

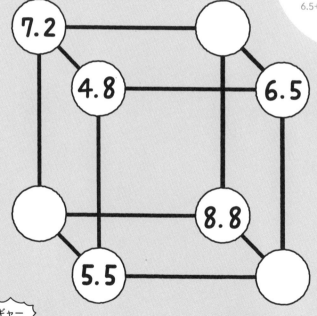

ギャー

答えは127ページへ。

105

エリアわけ4

部首が同じ漢字をまとめて、ふたつのエリアにわけよう。
引ける線は1本だけで、とちゅうで2本にわかれてはだめだよ。
すべてのマスを通らなくてOK。線はななめには引けないよ。

お手本

艹（くさかんむり）／木（きへん）

しんにょう・しんにゅう ／ くにがまえ

辶 ／ 囗

過　　　　丼

選

達

辺　　　　　　逆

大

寸　　　　　　古

まだ〜？

答えは129ページへ。

慣用句めいろ2

「か→ぶ→と→を→ぬ→ぐ」の順番に3回くり返して、
スタートからゴールまで行こう。
すべてのマスを通らなくてもOK。ななめに進んではだめ。
同じマスは1回しか通れないよ。

かぶとをぬぐ…降参したり負けたりして、かなわないと認めること。

お手本

ごまをする……
人に気に入られるようなことを、
わざと言ったり行ったりすること。

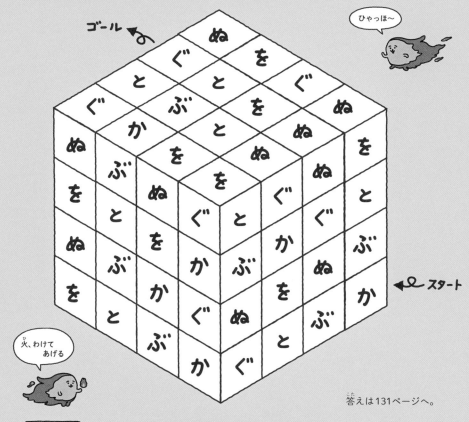

ひゃっほ〜

火、わけて
あげる

火のタマさん

答えは131ページへ。

107

いも虫パズル4

1～8までの数を、ひとつずつマスの中に入れよう。

○には偶数（2か4か6か8）、□には奇数（1か3か5か7）が入るんだ。

不等号（>、<）を見て、正しい数を入れてね。

同じ数は1回しか使えないよ。

うける
火めっちゃ
かわいい

パシャ

そ、そう？

パシャ

答えは133ページへ。

九九めいろ

8の段を言いながら、スタートからゴールまで行こう。

8×2＝16からはじめて、8×3＝24、8×4＝32と続くので、

8→2→16→8→3→24→8→4→32……と進んでいくよ。

そして、8×9まで行ったら、また8×2からはじめるんだ。

すべてのマスを通らなくてもOK。ななめに進んではだめ。

同じマスは1回しか通れないよ。

					ゴール	
32	8	8	8	64	72	8
4	5	56	7	8	9	40
8	24	48	8	7	8	5
8	3	6	8	8	32	8
スタート 8	8	3	40	5	4	8
2	16	24	8	4	3	24
8	40	32	4	16	8	32
6	5	8	5	2	8	8
48	8	8	8	9	72	16
56	7	56	64	8	8	2

火のたま
こわいよ〜

いや〜っ

答えは135ページへ。

109

漢字パズル4

右と左から1個ずつ選んで、小学5年生までに習う漢字を
5個作ろう。同じものは1回しか使えないよ。

お手本

イ ⌒ ヒ
↓
化

ネコタンニン（先祖）

漢字を作るときに、
例えばウは宀、ワは冖など、
カタカナの形が少し変わるにゃ

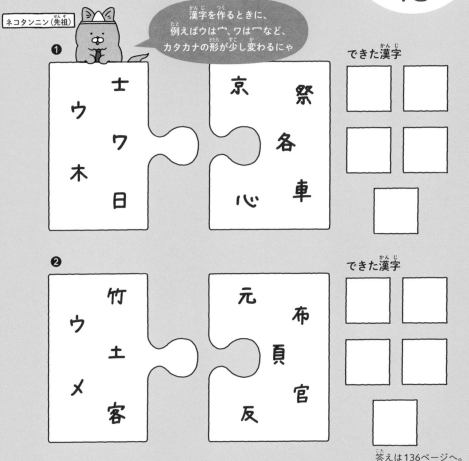

❶

士 ウ ワ 木 日

京 祭 各 心 車

できた漢字

❷

竹 ウ 土 メ 客

元 布 頁 官 反

できた漢字

答えは136ページへ。

四字熟語つなぎ2

下のふたつの四字熟語が完成するように、読み方の順に
それぞれ線でつなごう。線はすべてのマスを通ってね。
ななめに進んではだめ。同じマスは1回しか通れないよ。

千変万化…物事や状況がさまざまに変化すること。
天変地異…天地の間に起こる、自然の変わったできごと。地震や日食など。

お手本

一石二鳥……
ひとつのことをして、
ふたつのいいことを
手に入れるたとえ。

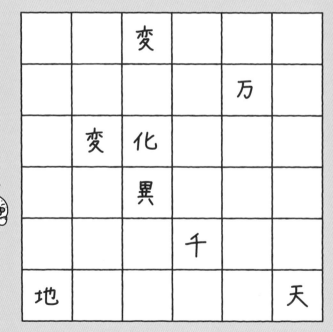

もうヤダー

ナハハ
もうすぐだぞ

答えは139ページへ。

111

倍数つなぎ 2

9 からスタートして、9 の倍数を順番につなごう。
9 の倍数でない数はよけながら、
それ以外のマスをすべて通ってね。ななめに進んではだめ。
同じマスは 1 回しか通れないよ。

お手本
3 の倍数つなぎ

8	6	→
		↓
	3	9
	スタート	ゴール

3 の倍数じゃない
マスはよける。

> **倍数の意味**
>
> ある数に自然数（1、2、3、4、……と続く数）をかけてできる数のこと。
> 例えば、3 の倍数は 3、6、9、12、15、18、21、24、27、30、33、……のこと。

18				63		
		スタート 9			73	
19					ゴール 99	
	29	27				
						72
36	54		90	96		
	41					
	45	81				

……

答えは 141 ページへ。

112

砂時計4

空いているマスに、左の数を選んで入れよう。
となり合ったふたつの数をたして、
たした答えの一の位の数が、
お手本と同じように矢印の先に入るんだ。
左の数は1回ずつしか使えないよ。

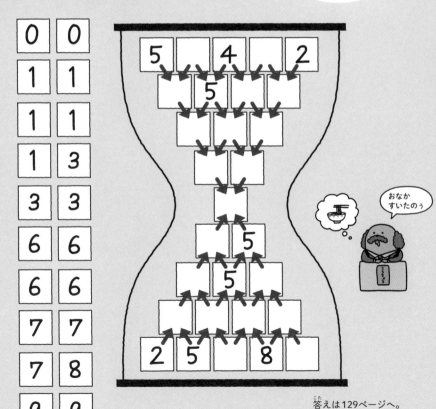

答えは129ページへ。

同じ音をさがせ！2

同じ読み方の漢字が、縦・横・ななめのどこか1列に並んでいるよ。
どこかさがして、1本線を引いてね。

ワシじゃよ

ギャーッ

こうちょう
だよ

ギャー

笑	努	借	念
参	唱	周	変
卒	求	照	阪
束	争	城	焼

答えは125ページへ。

色と言葉つなぎ3

○に色の漢字を入れると、慣用句になるよ。
○に当てはまる色と、慣用句の意味を線でつなごう。ただし、色だけふたつ余るよ。

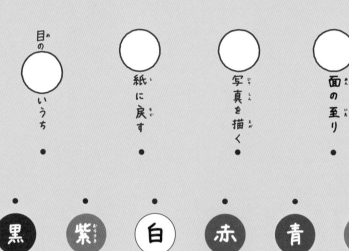

目の○のうち

○紙に戻す

○写真を描く

○面の至り

黒　紫　白　赤　青　緑

ギャー

顔が赤くなるほどはじること。

生きているあいだ。命があるうち。

将来の計画を立ててみること。

これまでのことをなかったことにして、元に戻す。

答えは144ページへ。

100問までもう少しじゃよ～

分数サイコロ3

分数が書かれたサイコロの展開図があるよ。
サイコロの向かい合う面をたすと、どれも1になるよ。
□に入る数字は何かな？
すべての分数は、これ以上約分できない分数に
なっているよ。

お手本

$$\frac{4}{5} + \frac{\boxed{1}}{5} = \frac{5}{5}$$

$$\frac{3}{4} + \frac{\boxed{1}}{4} = \frac{4}{4}$$

$$\frac{1}{3} + \frac{\boxed{2}}{3} = \frac{3}{3}$$

分母と分子が
同じ数だと
1になる。

だいぶ
仲良くなったね

答えは139ページへ。

約数つなぎ2

30の約数を、小さい順につなごう。
30の約数でない数はよけながら、
それ以外のマスをすべて通ってね。ななめに進んではだめ。
同じマスは1回しか通れないよ。

お手本
9の約数つなぎ

8は9の約数ではないのでよける

8	3	
1 スタート	9 ゴール	

ぼくの中身
にげないで～

じんたい

> **約数の意味**
>
> 約数とは、ある数をわり切ることができる数のこと。例えば、8の約数は
> 1、2、4、8だ。「8÷○」としたときに、余りが出ない数だよ。

	10				
		5			
スタート 1			4		
	15				3
12			6		
	2		ゴール 30		

答えは131ページへ。

のうミソ　Hi　ゆうれ胃

集中！ 四字熟語さがし 5

それぞれの四角の中から、ひとつだけちがう漢字を見つけて、
下の❶〜❹に1文字ずつ入れてね。
何という四字熟語になるかな？

❶
科科科科科科科科科科科科
科科科科科科科科科科科科
科科科科科科科利科科科科
科科科科科科科科科科科科
科科科科科科科科科科科
科科科科科科科科科科科
科科科科科科科科科科科
科科科科科科科科科科科
科科科科科科科科科科科
科科科科科科科科科科科

❷
悪悪悪悪悪悪悪悪悪悪悪悪
悪悪悪悪悪悪悪悪悪悪悪悪
悪悪悪悪悪悪悪悪悪悪悪悪
悪悪悪悪悪悪悪悪悪悪悪悪
悪悪悪悪悪悪悪悪悪悪悪悪
悪悪悪悪悪悪悪悪悪悪悪悪
悪悪悪悪悪悪悪悪悪悪悪悪
悪悪悪悪悪悪悪悪悪悪悪悪
悪悪悪悪悪悪悪悪悪害悪悪悪
悪悪悪悪悪悪悪悪悪悪悪悪

❸
専専専専専専専専専専専専
専専専専専専専専専専専専
専専専専専専専専専専専専
専専専専専専専専専専専専
専専専専専専専専専専専専
専専専専専得専専専専専専
専専専専専専専専専専専専
専専専専専専専専専専専専
専専専専専専専専専専専専
専専専専専専専専専専専専

❹
矢矢矢矢矢矢矢矢矢矢矢矢矢
矢矢矢矢矢矢矢矢矢矢矢矢矢
矢矢矢矢矢矢矢矢矢矢矢矢矢
矢矢矢矢矢矢矢矢矢矢矢矢矢
矢矢矢矢矢矢矢矢矢矢矢矢矢
矢矢矢矢矢矢矢矢矢矢矢矢矢
矢矢矢矢矢矢矢矢矢矢矢矢矢
矢矢矢矢矢矢矢矢矢矢矢矢矢
矢矢矢矢矢矢矢矢矢矢失矢矢
矢矢矢矢矢矢矢矢矢矢矢矢矢

 ❶
 ❷
 ❸
 ❹

読み方まで
わかるかにゃ？

できる四字熟語の意味：得になることと、損になること。

答えは143ページへ。

ばらばら漢字パズル 2

下の 5 つの漢字を分解したら、
パーツがひとつなくなってしまったよ。
なくなったパーツは、どの漢字のどこかな？

い、
いいものは
あっちなのか？

たぶん！
行こう！

付 典 沖 無 節

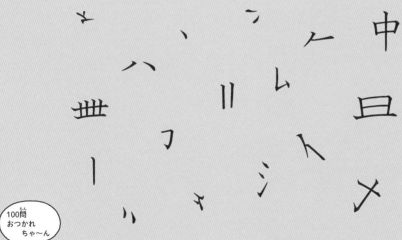

100問
おつかれ
ちゃ〜ん

答えは133ページへ。

119

答えのページ

12ページ ヒマつぶし **1** [算数]

いも虫パズル1

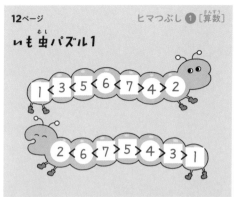

23ページ ヒマつぶし **12** [国語]

ことわざめいろ1

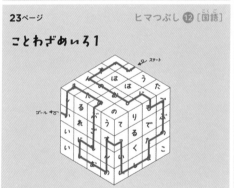

47ページ ヒマつぶし **34** [算数]

砂時計1

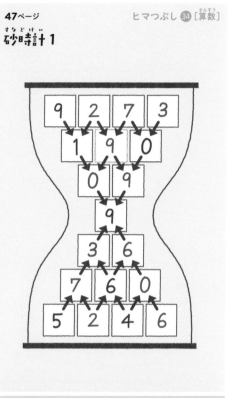

104ページ ヒマつぶし **85** [算数]

ブロック分割4

71ページ ヒマつぶし **56** [国語]

集中！ 四字熟語さがし3

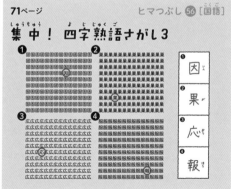

慣用句めいろ1

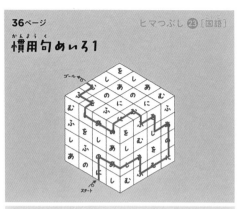

2けたてんびんパズル3

❶

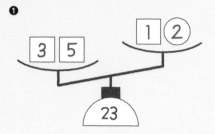

数字の通り道2

13	14	17	18	19	20	59	60
12	15	16	25	24	21	58	61
11	10	9	26	23	22	57	62
6	7	8	27	28	29	56	63
5	4	3	2	1	30	55	64
36	35	34	33	32	31	54	53
37	40	41	44	45	48	49	52
38	39	42	43	46	47	50	51

❷

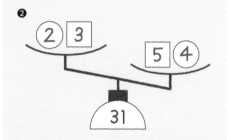

同じ音をさがせ!2

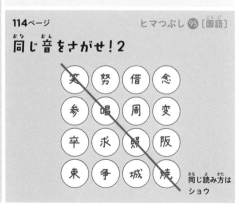

同じ読み方は
ショウ

※掲載したものは代表的な例です。別解がある場合もあります。　　　125

答えのページ

13ページ ヒマつぶし② [算数]

数字の通り道1

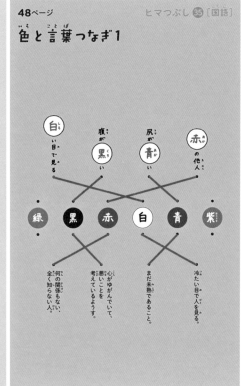

48ページ ヒマつぶし㉟ [国語]

色と言葉つなぎ1

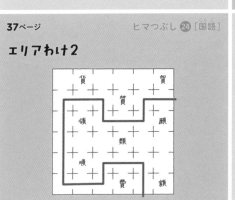

37ページ ヒマつぶし㉔ [国語]

エリアわけ2

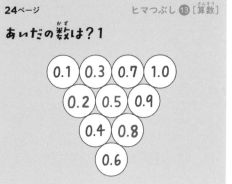

24ページ ヒマつぶし⑬ [算数]

あいだの数は？1

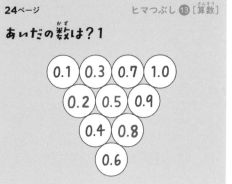

砂時計2

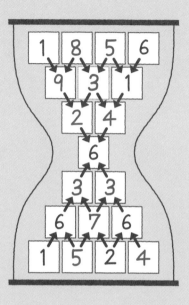

慣用句さがしパズル3

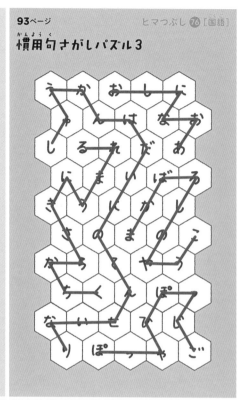

となり合わせパズル2

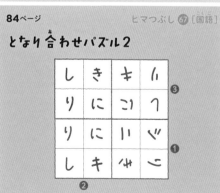

小数ボックス2

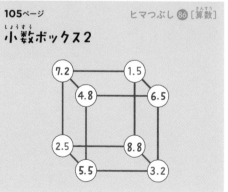

※掲載したものは代表的な例です。別解がある場合もあります。

答えのページ

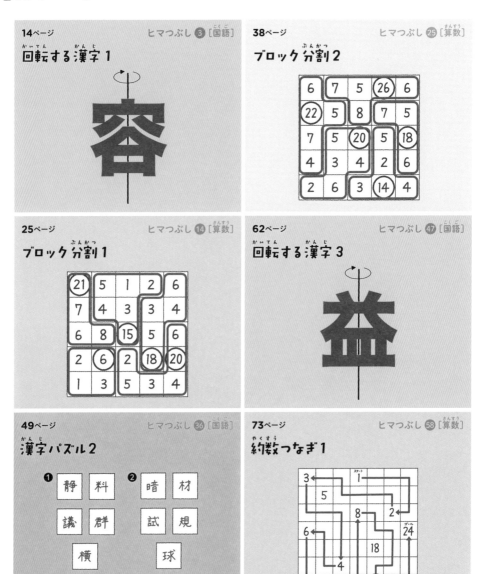

14ページ ヒマつぶし **3** [国語]

回転する漢字1

容

38ページ ヒマつぶし **25** [算数]

ブロック分割2

6	7	5	㉖	6
㉒	5	8	7	5
7	5	⑳	5	⑱
4	3	4	2	6
2	6	3	⑭	4

25ページ ヒマつぶし **14** [算数]

ブロック分割1

㉑	5	1	2	6
7	4	3	3	4
9	2	⑮	5	6
2	⑥	2	⑱	⑳
1	3	5	3	4

62ページ ヒマつぶし **47** [国語]

回転する漢字3

益

49ページ ヒマつぶし **36** [国語]

漢字パズル2

❶
静　料
議　群
横

❷
暗　材
試　規
球

順番はちがっても正解。

73ページ ヒマつぶし **58** [算数]

約数つなぎ1

3	スタート 1		
5		2	
8			
6			ゴール 24
	18		
4		12	

色と言葉つなぎ2

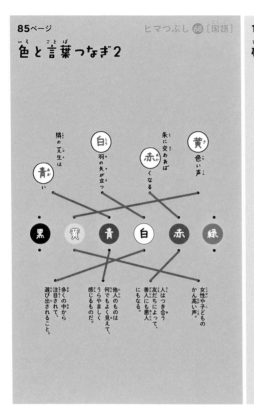

砂時計4

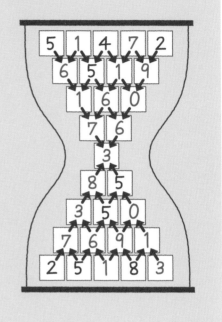

ドミノ筆算2

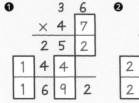
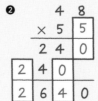

❶
```
      3  6
  ×   4  7
   2  5  2
 1  4  4
 1  6  9  2
```

❷
```
      4  8
  ×   5  5
   2  4  0
 2  4  0
 2  6  4  0
```

エリアわけ4

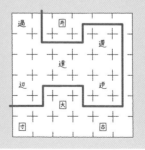

※掲載したものは代表的な例です。別解がある場合もあります。

129

15ページ

動物言葉つなぎ1

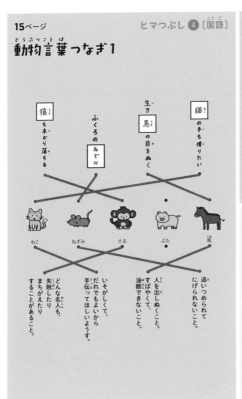

26ページ

集中！四字熟語さがし1

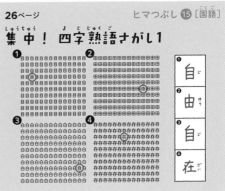

50ページ

ドミノ筆算1

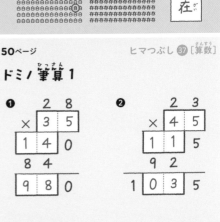

39ページ

いも虫パズル2

63ページ

四字熟語つなぎ1

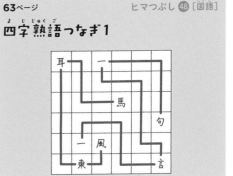

ヒマつぶし **59** [国語]

慣用句さがしパズル2

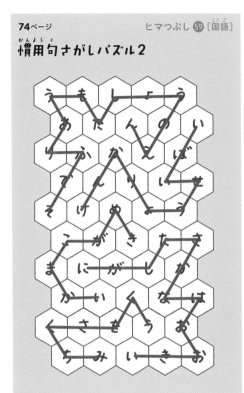

ヒマつぶし **69** [算数]

砂時計3

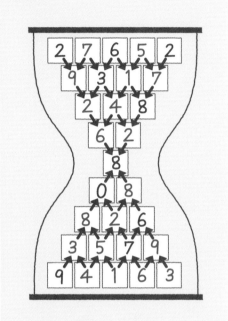

ヒマつぶし **98** [算数]

約数つなぎ2

ヒマつぶし **88** [国語]

慣用句めいろ2

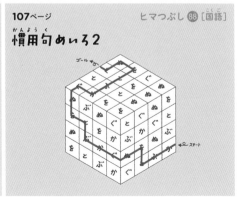

※掲載したものは代表的な例です。別解がある場合もあります。

答えのページ

16ページ　ヒマつぶし❺［算数］
数合わせパズル1
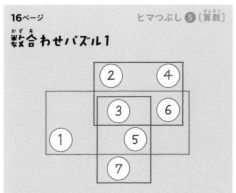

40ページ　ヒマつぶし㉗［国語］
回転する漢字2

27ページ　ヒマつぶし⑯［国語］
書き順めいろ1

64ページ　ヒマつぶし㊾［算数］
パズルのピース2
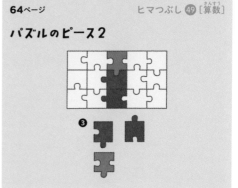

51ページ　ヒマつぶし㊳［算数］
分数サイコロ1
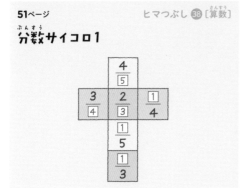

75ページ　ヒマつぶし㉖［国語］
ばらばら漢字パズル1

数合わせパズル3

ばらばら漢字パズル2

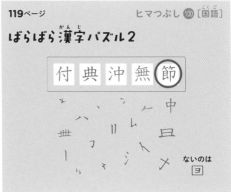

付 典 沖 無 ⑩節

ないのは
ヨ

漢字パズル3

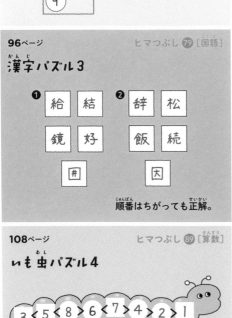

❶ 給 結
  鏡 好
  #

❷ 辞 松
  飯 続
  因

順番はちがっても正解。

倍数つなぎ1

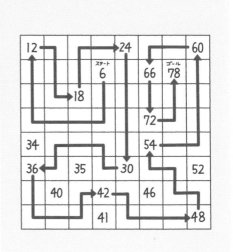

いも虫パズル4

3 < 5 < 8 > 6 < 7 > 4 > 2 > 1

2 < 4 < 5 < 8 > 7 > 6 > 3 > 1

※掲載したものは代表的な例です。別解がある場合もあります。

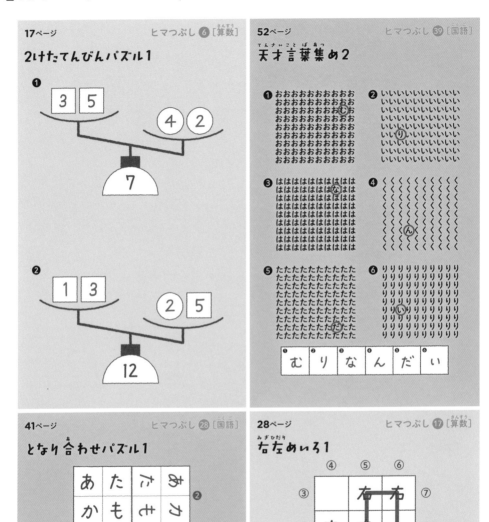

17ページ ヒマつぶし **6** ［算数］

2けたてんびんパズル1

❶ 3 5 / 4 2 / 7

❷ 1 3 / 2 5 / 12

52ページ ヒマつぶし **39** ［国語］

天才言葉集め2

❶ おおおおおおおおお（む）…

❷ いいいいいいいいい（り）…

❸ ははははははははは（な）…

❹ くくくくくくくくく（ん）…

❺ たたたたたたたたた（だ）…

❻ りりりりりりりりり（い）…

❶	❷	❸	❹	❺
む	り	な	ん	だ	い

41ページ ヒマつぶし **28** ［国語］

となり合わせパズル1

あ	た	バ	お
か	も	サ	カ
ク	セ	モ	カ
だ	ち	ア	タ

28ページ ヒマつぶし **17** ［算数］

右左めいろ1

65ページ ヒマつぶし 50 [算数]

数合わせパズル2

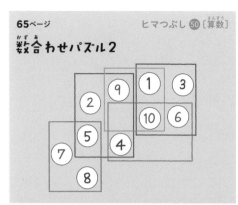

59ページ ヒマつぶし 44 [国語]

画数めいろ2

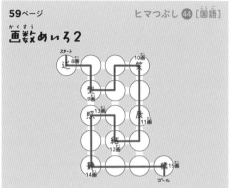

88ページ ヒマつぶし 71 [国語]

回転する漢字4

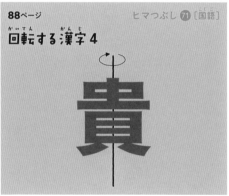

109ページ ヒマつぶし 90 [算数]

九九めいろ

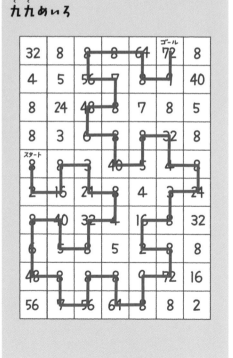

78ページ ヒマつぶし 61 [算数]

いも虫パズル3

※掲載したものは代表的な例です。別解がある場合もあります。

答えのページ

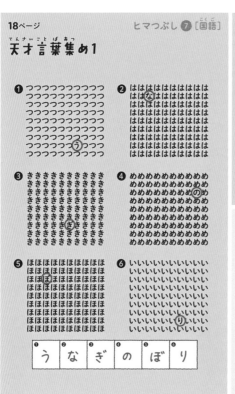

18ページ ヒマつぶし **7** [国語]

天才言葉集め1

❶ つ
❷ は（な）
❸ き
❹ め（の）
❺ ほ
❻ い（り）

❶う	❷な	❸ぎ	の	❺ぼ	❻り

29ページ ヒマつぶし **18** [算数]

不等号円パズル1

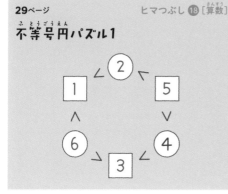

110ページ ヒマつぶし **91** [国語]

漢字パズル4

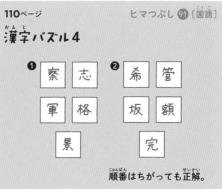

❶ 察 志 軍 格 景
❷ 希 管 坂 額 完

順番はちがっても正解。

79ページ ヒマつぶし **62** [算数]

たし算パズル2

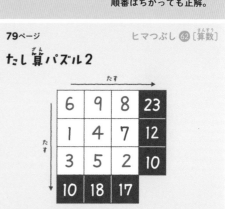

たす

6	9	8	23
1	4	7	12
3	5	2	10
10	18	17	

53ページ ヒマつぶし **40** [国語]

同じ音をさがせ！1

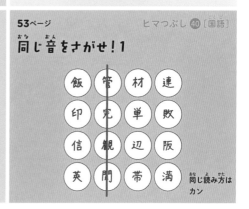

飯	管	材	連
印	完	単	敗
信	観	辺	阪
英	関	帯	満

同じ読み方はカン

136

天才言葉集め3

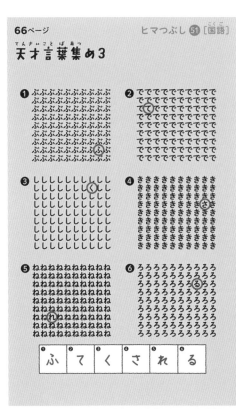

❶ ぷぷぷぷぷぷぷぷ…
❷ てててててて…
❸ しししししし…
❹ ききききき…
❺ ねねねねね…
❻ ろろろろろ…

ふ	て	く	さ	れ	る

ドミノ筆算3

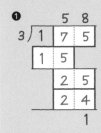

❶
```
      5 8
3)1 7 5
  1 5
    2 5
    2 4
      1
```

❷
```
      4 6
5)2 3 4
  2 0
    3 4
    3 0
      4
```

天才言葉集め4

❶ つつつつつ…
❷ ささささ…
❸ おおおおお…
❹ つつつつ…
❺ たたたた…
❻ うううう…

❶う	❷き	❸あ	し	だ	つ

小数ボックス1

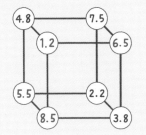

4.8 — 7.5
1.2 — 6.5
5.5 — 2.2
8.5 — 3.8

答えのページ

19ページ ヒマつぶし **8**［国語］

エリアわけ1

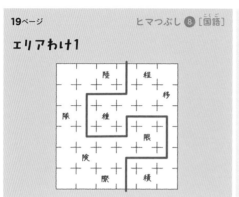

43ページ ヒマつぶし **30**［算数］

倍数クロス1

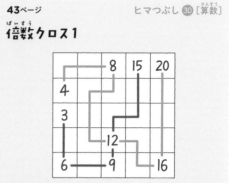

56ページ ヒマつぶし **41**［算数］

2けたてんびんパズル2

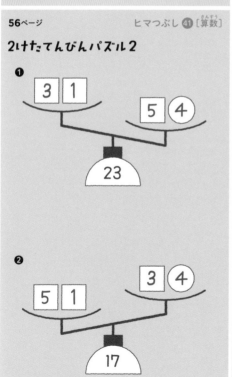

30ページ ヒマつぶし **19**［国語］

慣用句さがしパズル1

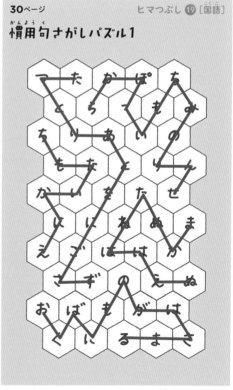

67ページ

ことわざめいろ2

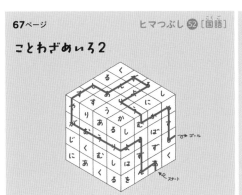

101ページ

倍数クロス3

90ページ

右左めいろ3

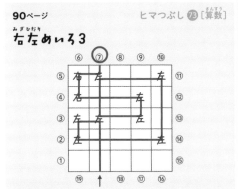

111ページ

四字熟語つなぎ2

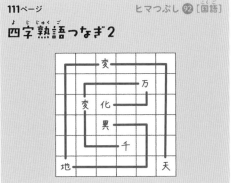

80ページ

ことわざめいろ3

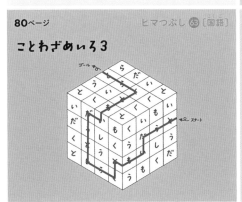

116ページ

分数サイコロ3

※掲載したものは代表的な例です。別解がある場合もあります。

答えのページ

パズルのピース1

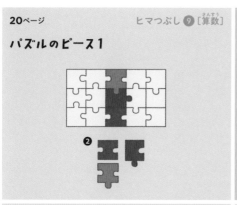

反対言葉つなぎ1

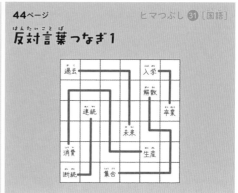

漢字パズル1

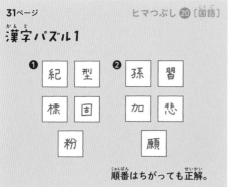

順番はちがっても正解。

倍数クロス2

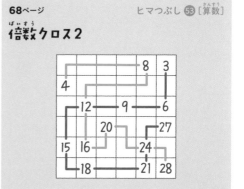

右左めいろ2

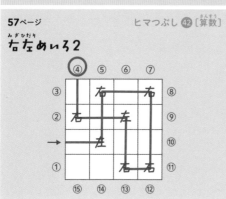

エリアわけ3

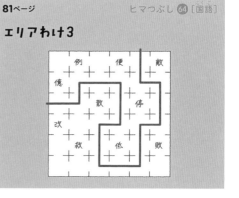

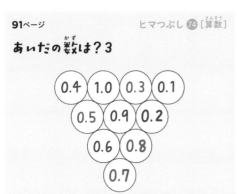

91ページ ヒマつぶし **74** [算数]

あいだの数は？3

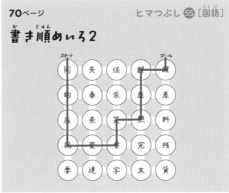

70ページ ヒマつぶし **55** [国語]

書き順めいろ2

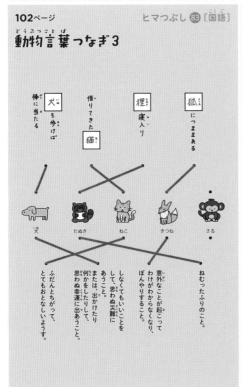

102ページ ヒマつぶし **83** [国語]

動物言葉つなぎ3

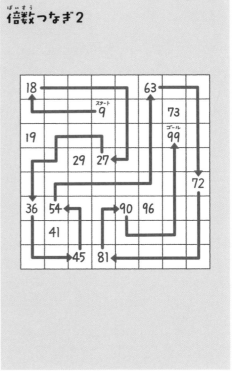

112ページ ヒマつぶし **93** [算数]

倍数つなぎ2

※掲載したものは代表的な例です。別解がある場合もあります。

答えのページ

45ページ ヒマつぶし 32 [国語]

集中！四字熟語さがし2

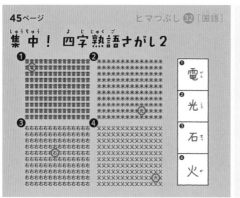

① 電
② 光
③ 石
④ 火

34ページ ヒマつぶし 21 [算数]

あいだの数は？2

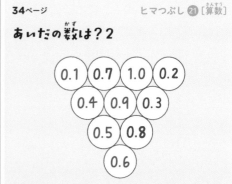

21ページ ヒマつぶし 10 [算数]

ハニカムひき算パズル1

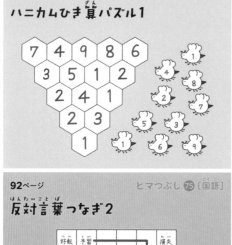

92ページ ヒマつぶし 75 [国語]

反対言葉つなぎ2

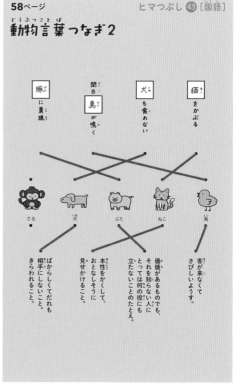

58ページ ヒマつぶし 43 [国語]

動物言葉つなぎ2

天才言葉集め5

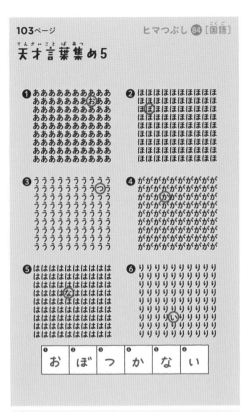

❶ ああああああああああ
ああああああ**お**あああ
ああああああああああ
ああああああああああ
ああああああああああ
ああああああああああ
ああああああああああ
ああああああああああ

❷ ほほほほほほほほほほ
ほほ**ほ**ほほほほほほほ
ほほほほほほほほほほ
ほほほほほほほほほほ
ほほほほほほほほほほ
ほほほほほほほほほほ
ほほほほほほほほほほ
ほほほほほほほほほほ

❸ ううううううううう
うううううううううう
うううううう**つ**ううう
うううううううううう
うううううううううう
うううううううううう
うううううううううう
うううううううううう
うううううううううう
うううううううううう

❹ ががががががががが
ががががががががが
ががが**か**ががががが
ががががががががが
ががががががががが
ががががががががが
ががががががががが
ががががががががが
ががががががががが
ががががががががが

❺ ははははははははは
ははははははははは
ははははははははは
ははははは**な**ははは
ははははははははは
ははははははははは
ははははははははは
ははははははははは

❻ りりりりりりりりり
りりりりりりりりりり
りりりりりりりりりり
りりりりりりりりりり
りりりりりりりりりり
りりりり**い**りりりり
りりりりりりりりりり
りりりりりりりりりり

❶	❷	❸	❹	❺	❻
お	ぼ	つ	か	な	い

集中！ 四字熟語さがし4

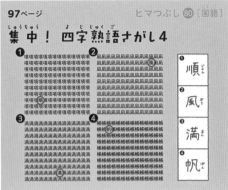

順風満帆

ハニカムひき算パズル2

ブロック分割3

集中！ 四字熟語さがし5

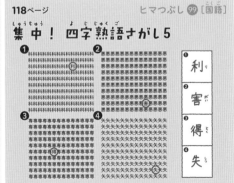

利害得失

※掲載したものは代表的な例です。別解がある場合もあります。　　**143**

答えのページ

35ページ ヒマつぶし 22 [算数]

たし算パズル1

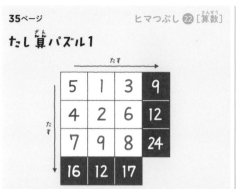

22ページ ヒマつぶし 11 [国語]

画数めいろ1

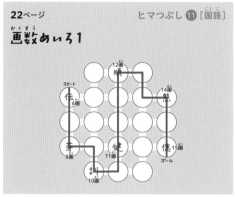

115ページ ヒマつぶし 96 [国語]

色と言葉つなぎ3

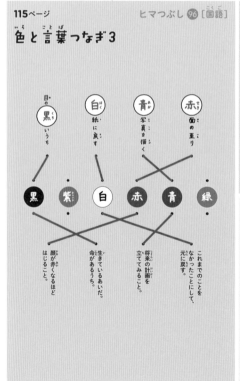

61ページ ヒマつぶし 46 [算数]

不等号円パズル2

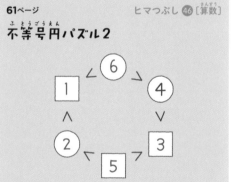

95ページ ヒマつぶし 78 [算数]

分数サイコロ2

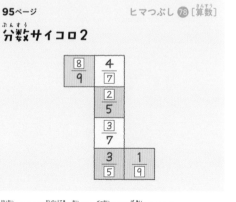

※掲載したものは代表的な例です。別解がある場合もあります。

この本に出てきたキャラクターたち

どのページに出てきたかさがしてみよう！

ユウ

優等生でとてもまじめ。いつもウセイと優等生争いをしている。昆虫にとてもくわしく、将来の夢は昆虫博士。

ウセイ

優等生で、ユウとはライバル関係。暗やみで勉強しすぎて目が悪い。勉強するときはちゃんと電気をつけよう！

こうちょう

ヒマつぶし小学校の校長先生。自分の石像が作られないため、自分で石像になった。ダンスが大好き。

いすしか

授業中に立ってしまうため、自分をいすにしばったらそのまま生活できるようになった。本人いわく「便利」らしい。

つくえうま

「授業中に移動したい」と考えていたら、机と馬が合体したらしい。走るときの最高速度は新幹線と同じぐらい速い。

ネコタンニン

ヒマつぶし小学校の先生。全員が先生になる家系で、全教科を回せるほど兄弟も多い。先祖がたまに学校に出てくる。

ラッパーギョ

ラップが得意で、常にラップの練習をしている。最近のお気に入りのラップは「業界人、こっぱみじん」。

こくばくけし

黒板をきれいに消すことができる。チョークの粉が主食で、好きなチョークはホタテの貝がらでできた白いチョーク。

おんプー

オナラが奏でる音楽は、聞いているすべての人をひきつけるほど美しい。ただ、少しくさい。

バッハペンギン

いろいろな音楽をさがし出すのが得意。雨の音や外の音を聞きながら、音楽を作り出す。かみの毛はカツラ。

マーチングぶーちゃん

ようちえんのマーチング部に入っているこぶた。「マーチングぶーちゃんずを見守る会」というファンクラブがある。

たいこつむり

背中にたいこをつけているけれど、背中のたいこから音は鳴らない。だから、「ドン」と自分たちで声を出している。

アルパカ フライダンサー

ダンスがとても得意で、ダンスを教えるのも上手。でも、歌はすごく下手。

熱血わーにくん

とてもあつい男の子。頭と目の炎は本物。ワニなので家が川の中にあり、川に入ると火は消えるらしい。

たまご入れ

頭の上のカゴからたまごたちがにげ出すため、いつも追いかけている。マヨネーズが好き。

ハウスポチ

毎日ハウス（家）に引きこもっている。おしりを見た人は幸せになれるといううわさがあるけど、だれも見たことがない。

ギャルパンダ

SNSのフォロワー数が800万人もいるインフルエンサー。ヒマチューブにアップしている動画が大人気。

たまご3兄弟

（にたまご、はんじゅくたまご、おんせんたまご）
たまご入れの頭の上で育ってきたので、外が見てみたくてにげ出してしまう。だけどすぐにつかまる。

おおもリス

大盛りのごはんを食べさせてくれる。「おなかいっぱい」と言っても、「まだ食べられるやろ？」とおかわりが出てくる。

びん牛乳

びん牛乳の牛乳を飲むと背がのびるといううわさがある。実際のところどうなのかは、だれも知らない。

犬子さん

あだ名は「トイレの犬子さん」。トイレットペーパーがないときなど、トイレでこまっている人を助けてくれる。

火のタマさん

好奇心おうせいでとても人なつっこい。さわるとやけどをしてしまうので注意。

じんたい

健康志向で、毎日2時間もランニングしている。体の中に臓器たちがいないと、とても不安になってしまう。

のうミソ、Hi、ゆうれ胃

じんたいの臓器。じんたいがねているとき、主にこの3つが自由にどこかへ行ってしまう。

算数と国語の力がつく

天才!!
ヒマつぶし
ドリル ちょいムズ

著者
田邉 亨

イラスト
伊豆見 香苗

ブックデザイン
albireo

データ作成
株式会社 四国写研

問題図作成
渡辺 泰葉

編集協力
梶塚 美帆
（ミアキス）

校正
秋下 幸恵　岩崎 美穂　遠藤 理恵　西川 かおり

クリエイティブ協力
佐村 大侑　鹿間 絵理　今村 千秋
（ソニー・クリエイティブプロダクツ）

企画・編集
宮﨑 純

ヒマな
ときは

また
あそびましょう

②